Eine Zusammenstellung des Inhaltes der Hefte 1 bis 139 der Mitteilungen über Forschungsarbeiten zugleich mit einem Namen- und Sachverzeichnis wird auf Wunsch kostenfrei von der Redaktion der Zeitschrift des Vereines deutscher Ingenieure, Berlin N.W., Charlottenstr. 43, abgegeben.

Heft 140: Neumann, Die Vorgänge im Gasgenerator auf Grund des zweiten Hauptsatzes der Thermodynamik. Preis 2 ℳ.

Heft 141: Riedel, Ueber die Grundlagen zur Ermittlung des Arbeitsbedarfes beim Schmieden unter der Presse. Preis 2 ℳ.

Heft 142: Schlesinger, Vereinheitlichung der Schraubengewinde. Denkschrift, erstattet im Auftrage des Vereines deutscher Ingenieure, des Vereines deutscher Maschinenbauanstalten, des Vereines deutscher Werkzeugmaschinenfabriken und des Vereines deutscher Schiffswerften. Preis 1 ℳ.

Heft 143: Schoene, Ueber Versuche mit großen, durch Blattfedern geführten Ringventilen für Kanalisationspumpen nebst Beiträgen zur Dynamik der Ventilbewegung.

Petersen, Verfahren zur Messung schnell wechselnder Temperaturen. Preis 2 ℳ.

Heft 144: Loschge, Ueber den Ausfluß des Dampfes aus Mündungen. Preis 2 ℳ.

Lehrer und Schüler technischer Schulen erhalten die Hefte zur Hälfte des angegebenen Preises, sofern sie Bestellung und Zahlung an den Verein deutscher Ingenieure, Berlin N.W., Charlottenstr. 43, richten.

Literarische Unternehmungen d. Vereines deutscher Ingenieure:

ZEITSCHRIFT
DES
VEREINES DEUTSCHER INGENIEURE.

Redakteur: D. Meyer.

Berlin N.W., Charlottenstraße 43

Geschäftstunden 9 bis 4 Uhr.

Expedition und Kommissionsverlag: Julius Springer, Berlin W., Linkstr. 23/24.

Die Zeitschrift des Vereines deutscher Ingenieure erscheint wöchentlich Sonnabends. Je einmal im Monat liegt ihr die Zeitschrift „**Technik und Wirtschaft**" bei. Preis bei Bezug durch Buchhandel und Post 40 ℳ jährlich; einzelne Nummern werden gegen Einsendung von je 1.30 ℳ — nach dem Ausland von je 1.60 ℳ — portofrei geliefert.

Anzeigen:
Das Millimeter Höhe einer Spalte kostet 25 Pf. Bei 6, 13, 26, 52 maliger Wiederholung im Laufe eines Jahres: 10, 20, 30, 40 vH Nachlaß. Für Stellengesuche von Vereinsmitgliedern, **die unmittelbar bei der Annahmestelle, Linkstraße 23/24 aufgegeben und vorausbezahlt werden**, kostet das Millimeter Höhe einer Spalte nur 12 Pf.

Beilagen:
Preis und erforderliche Anzahl sind unter Einsendung eines Musters bei der Expedition zu erfragen. Die Beilagen sind **frei Berlin** zu liefern.

Den Einsendern von Ziffer-Anzeigen wird für Annahme und freie Zusendung einlaufender Angebote mindestens 1 ℳ berechnet.

Schluß der Anzeigen-Annahme: Montag Vorm.; für Stellengesuche: Montag Abend 7 Uhr.

TECHNIK UND WIRTSCHAFT.
MONATSCHRIFT DES VEREINES DEUTSCHER INGENIEURE.
REDAKTEURE D. MEYER UND W. MATSCHOSS.

IN KOMMISSION BEI JULIUS SPRINGER BERLIN.

Die »Technik und Wirtschaft« liegt der ganzen Auflage der Zeitschrift des Vereines deutscher Ingenieure (Preis des Jahrgangs 40 ℳ) allmonatlich bei. Sie ist außerdem für 8 ℳ für den Jahrgang durch alle Buchhandlungen und Postanstalten sowie durch die Verlagsbuchhandlung von Julius Springer zu beziehen.

Anzeigen: Die ganze Seite 100 ℳ, ½ Seite 50 ℳ, ¼ Seite 25 ℳ, ⅛ Seite 12,50 ℳ. Ein kleinerer Raum als ⅛ Seite wird nicht abgegeben. Bei 3 6 12 maliger Wiederholung im Jahre. 5 10 20 vH Nachlaß. **Beilagen:** Preis und erforderliche Anzahl sind unter Einsendung eines Musters bei der Verlagsbuchhandlung von Julius Springer zu erfragen. Auflage des Blattes 27000.

Mitteilungen
über
Forschungsarbeiten

auf dem Gebiete des Ingenieurwesens

herausgegeben vom

Verein deutscher Ingenieure.

Redaktion: D. Meyer und M. Seyffert.

Heft 145.

Springer-Verlag Berlin Heidelberg GmbH

ISBN 978-3-662-01788-3   ISBN 978-3-662-02083-8 (eBook)
DOI 10.1007/978-3-662-02083-8

Inhaltsverzeichnis.

	Seite
1) Zweck der Arbeit	1
2) Allgemeine Gesichtspunkte	2
3) Versuchseinrichtungen.	
a) Ort und Zeit der Versuche	3
b) Meßgeräte	4
c) Versuchsgeräte	5
4) Versuchsanordnungen	5
5) Versuchsergebnisse.	
a) Biegewiderstand von Gurten	13
b) Biegewiderstand von Ketten	21
c) Bewegungswiderstand in Kratzerrinnen	24
d) Bewegungswiderstand beim Transport mit Schnecken	25
e) Die Schöpfarbeit bei Becherwerken	30
6) Zusatzwiderstände	39
7) Nebenergebnisse.	
a) Größter Widerstand beim Schöpfen	42
b) Bruchfestigkeit von Ketten	43
c) Förderleistung von Kratzern	44
d) Förderleistung eines Rütteltisches	45
e) Zerstörung des Fördergutes	46
8) Praktische Bedeutung der Versuchsergebnisse	48

Kraftverbrauch von Fördermitteln.

Von Dipl.-Ing. **Georg von Hanffstengel**
Zivilingenieur, Berlin.

1) Zweck der Arbeit.

Die Wissenschaft des Transportwesens steckt noch in den Kinderschuhen. Trotz der lebhaften Beachtung, die die gesamte Industrie diesem Zweige des Maschinenbaues entgegenbringt, und ungeachtet der Wertschätzung, die er auch von seiten der Hochschullehrer findet, hat eine Durchdringung des Stoffes nach der theoretischen Seite hin nur in sehr unvollkommener Weise stattgefunden. Nur wenige Lehrer finden die Zeit, neben der immer mehr anschwellenden Wissensmenge, die sie den bestehenden Programmen gemäß dem jungen Nachwuchs zu übermitteln haben, ihr auch diesen Stoff in einer das Wesentliche klar und einfach darbietenden Form vorzutragen. Zuweilen werden, soviel mir bekannt, Transportanlagen als Anhang zu den Hebezeugen in knapper Weise behandelt, aber damit geschieht dem Transportwesen insofern Unrecht, als tatsächlich das, was man heute unter Hebezeugen versteht, nur ein kleines Stück des Transport-Maschinenbaues ist, allerdings der älteste und in konstruktiver Beziehung einstweilen dankbarste Teil.

Der Hauptgrund für das langsame Eindringen des neuen Zweiges der Technik in das offizielle Lehrprogramm ist neben dem Mangel an Zeit zweifellos in der Sprödigkeit des Stoffes zu suchen. Eine Transportanlage ist meist nicht ein in sich geschlossener Gegenstand, den man in einfacher Weise berechnen und in zeichnerisch ansprechender Form darstellen kann, so daß jeder Teil des Blattes auf den ersten Blick etwas Anziehendes und Beachtenswertes bieten würde, ja er pflegt sogar dem Nichtkenner zunächst einen recht langweiligen Eindruck zu machen. Trotzdem kann eine ungeheure Summe von Denkarbeit in einem solchen einfachen Plane enthalten sein, und zwar nicht nur technisches, sondern auch kaufmännisches, wirtschaftliches Denken, ein Denken, das den ganzen Arbeitsplan der Fabrik und alle für den Fabrikleiter maßgebenden Rücksichten verarbeitet hat.

Tatsächlich hat daher der Transportmaschinenbau einen sehr hohen Wert als Unterrichtsgegenstand. Damit er aber trotz der entgegenstehenden Schwierigkeiten die ihm gebührende Anerkennung findet, sind vor allen Dingen Rechnungsgrundlagen notwendig, die bisher noch fast vollständig fehlen. Dieser Grund hat mich in erster Linie dazu veranlaßt, an die Jubiläumsstiftung der deutschen Industrie und den Verein deutscher Ingenieure mit der Bitte um Gewährung von Mitteln für Versuche, welche die Bewegungswiderstände der Förderer zum Gegenstande haben sollten, heranzutreten. Diese Widerstände sind einerseits maßgebend für die Ausführung, zur Bestimmung der Stärke der Teile, anderseits für die zweckmäßige Anwendung der einzelnen Transportmittel, letzteres in doppelter Beziehung, da von den auftretenden Widerständen sowohl die Anlagekosten wie auch der Energieverbrauch beeinflußt werden.

Die Versuche sollen also die Grundlagen geben, die sowohl für die Wahl und Durchbildung des Systems wie auch für die Konstruktion der Einzelteile von Wichtigkeit sind. Daß ein dringendes Bedürfnis dafür vorliegt, kann kaum zweifelhaft sein und wurde auch von den Vorständen beider Körperschaften anerkannt.

Erschöpfend läßt sich ein Gebiet von einem derart riesenhaften Umfange selbstverständlich nicht bearbeiten. Aber es ist doch gelungen, in die wichtigsten Fragen Licht zu bringen, und wo endgültige Zahlen noch fehlen, liegen doch Fingerzeige vor, um zu beurteilen, welche Punkte wichtig sind, und wo gegebenenfalls ergänzende Versuche eingreifen müssen.

2) Allgemeine Gesichtspunkte.

Bei der Durchführung der Versuche wurde in erster Linie dahin gestrebt, praktisch wertvolle Ergebnisse zu erzielen.

Dieser Grundsatz war einerseits für die Anordnung der Versuche, andererseits für die Genauigkeit der Messungen von Wichtigkeit. Wenn für die Ausführung — und ebenso für den Hochschulunterricht — wirklich wertvolle Unterlagen gefunden werden sollten, so war es erforderlich, möglichst alle Anordnungen, die bei bestimmten Vorgängen überhaupt auftreten können, zu berücksichtigen, beispielsweise den Einfluß der Gestalt des Schöpftroges auf den Schöpfwiderstand bei Elevatoren an einer Reihe verschiedenartiger Ausführungen zu untersuchen. Da auf den Schöpfwiderstand außerdem Form, Größe und Abstand der Becher sowie die Schöpfgeschwindigkeit, ferner auch die Art des Fördergutes von Einfluß sind, so ergaben sich zahllose Möglichkeiten, die in ähnlicher Weise bei allen Untersuchungen auftraten und die Versuche viel weiter auszudehnen zwangen, als ursprünglich beabsichtigt war.

Bei einem derartigen Umfang der Arbeit die Genauigkeit bis auf das äußerste zu treiben, wäre unmöglich gewesen, hätte aber auch nicht im Sinne der praktischen Verwertbarkeit gelegen, denn die Unterschiede im Bewegungswiderstand, die sich infolge zufälliger Verschiedenheiten in der Herstellung und Montage sowie in der Wartung und Unterhaltung der Förderer ergeben, sind so groß, daß sie den Genauigkeitsunterschied bei Anwendung einfacher, jederzeit bequem prüfbarer Meßgeräte an Stelle verwickelter, teuerer Einrichtungen bei weitem übersteigen. Die Praxis legt in sehr vielen Fällen einen geringeren Wert auf genaue Messungen, als auf einfache Untersuchungen, die sie mit einfachen Hülfsmitteln in dem für sie erforderlichen Genauigkeitsgrade jederzeit wiederholen und nachprüfen kann.

Bedingung für eine allgemeine Verwertbarkeit der Versuchsergebnisse war selbstverständlich in erster Linie, daß alle bei den verschiedenen Arten von Förderern auftretenden Widerstände getrennt festgestellt wurden. Da die Reibungswiderstände, die hier mit in erster Linie in Frage kommen, sich infolge von Zufälligkeiten nicht unerheblich ändern können, so mußte darauf gesehen werden, die Einzelwerte nach Möglichkeit unmittelbar aus dem Versuch zu erhalten und die nicht ausschaltbaren, durch Rechnung zu berücksichtigenden Fehlergrößen, wie z. B. die Lagerreibung, so klein zu halten, daß die Irrtümer, die bei ihrer Feststellung auftreten konnten, auf das Ergebnis keinen Einfluß auszuüben imstande waren. Die Kontrolle durch Versuche an vollständigen Förderern (vergl. die Versuche an Elevatoren) haben gezeigt, daß es möglich ist, auf diese Weise für die Praxis vollauf befriedigende Unterlagen für die Berechnung der Gesamtwiderstände unter verschiedenen Verhältnissen zu gewinnen.

Aus diesen Erwägungen ergab sich folgender Versuchsplan.

Da bei den wichtigsten stetig arbeitenden Förderern ein Zugmittel zur Verwendung kommt, so wurden zunächst eingehende Versuche über die Biegewiderstände von Gurten und Ketten angestellt, deren Ergebnisse sich für Förderbänder, Kratzer und Becherwerke verwerten lassen.

Für Kratzer wurde alsdann der Gleitwiderstand des von einer Schaufel in einem Trog entlang geschobenen Gutes, für Elevatoren der Schöpfwiderstand festgestellt.

Bei den Gliederbändern aus eisernen oder hölzernen Platten fehlt ein solcher besonderer Widerstand ganz, so daß die Feststellungen über Reibung eine genaue Grundlage für die Berechnung ergeben.

Die meisten Schwierigkeiten stellten sich den Versuchen, den Kraftverbrauch der aus biegsamen Stoffen hergestellten Förderbänder zu bestimmen, entgegen. Der Widerstand setzt sich hier zusammen aus dem Biegewiderstand des Gurtes beim Lauf über die Antriebs- und Leitrollen, aus dem Rollreibungs- und Biegewiderstande, den das Band an den Tragrollen findet, und den Zapfenreibungswiderständen sämtlicher Rollen. Besonders schwer zu bestimmen ist der Biegewiderstand beim Uebergang über die Tragrollen, zumal hier außer der Steifigkeit die Spannung des Gurtes und die Entfernung der Rollen erfahrungsgemäß eine erhebliche Rolle spielen. Auf eine eingehende Feststellung sämtlicher Widerstände biegsamer Fördergurte wurde deshalb vorläufig verzichtet.

Von den Förderern ohne Zugmittel haben allgemeinere Bedeutung — von Luftförderung, die ein Kapitel für sich bildet, abgesehen — eigentlich nur die Schnecken und Schüttelrinnen. Erstere wurden untersucht, eine Aufgabe, die sich bei der Einfachheit des Fördervorganges nicht schwierig gestaltete, da außer der Lagerreibung nur der Gleitwiderstand des Fördergutes in Frage kommt. Auf Versuche mit Schüttelrinnen, die ziemlich ausgedehnte und kostspielige Einrichtungen erfordert hätten, konnte dagegen verzichtet werden, weil in meinem Werke »Die Förderung von Massengütern« bereits Anhaltspunkte für die Berechnung des Kraftverbrauches von Schüttelrinnen gegeben sind.

3) Versuchseinrichtungen.

a) Ort und Zeit der Versuche.

Die Versuche wurden Anfang November 1907 in einem Werkstattraum, den die Firma Adolf Bleichert & Co., Spezialfabrik für Drahtseilbahnen und Verlade- und Transportanlagen in Leipzig-Gohlis, zu diesem Zweck zur Verfügung gestellt hatte, begonnen.

Es stellte sich bald heraus, daß durch Messung der Stromstärke des Antriebmotors nicht genügend genaue Werte zu erhalten waren, wodurch die Dauerversuche etwas verzögert wurden. Immerhin war es möglich, bis Ende Juli 1908 nach Konstruktion eines geeigneten Arbeitsmessers (s. Abschnitt 3b) eine größere Anzahl teilweise vorbereitender, teilweise endgültiger Versuche auszuführen. Erledigt wurden innerhalb dieser Zeit die Untersuchungen über den Biegewiderstand von Gurten sowie die Versuche mit Kratzerschaufeln, Schnecke und Schöpfrad.

Anfang Oktober 1908 nahmen die Versuche dann in größerem Maßstabe in der eigens für die Untersuchung von Förderern aller Art eingerichteten Versuchsanstalt der Firma A. Stotz, Eisengießerei und Apparatebauanstalt in Kornwestheim bei Stuttgart, ihren Fortgang. Hier standen insbesondere ein großer Motor sowie sehr bequeme Einrichtungen für die Aenderung der Geschwindigkeit zur Verfügung. Es wurden Versuche über den Biegewiderstand von Ketten sowie Versuche mit vollständigen Elevatoren und endlich Materialzerstörungsversuche angestellt.

b) Meßgeräte.

Als Kraftmesser kam ein Feder-Dynamometer mit selbsttätiger Schreibvorrichtung in verschiedenen Anordnungen zur Verwendung.

Bei den ersten Versuchen über den Verschiebewiderstand in Kratzerrinnen war die Meßfeder ohne weiteres in das Zugseil eingeschaltet, später wurde dann eine Hebelübersetzung eingebaut und der Federzylinder mit dem beweglichen Federteller gleichzeitig als Oelbremse benutzt.

Die Einzelheiten der Konstruktion des Zahndruck-Federdynamometers, wie es für die Untersuchungen über die Bewegungswiderstände von Gurten und Ketten und über die Verschiebe- und Schöpfwiderstände bei Schnecke und Elevator Verwendung fand, sind aus Abb. 1 bis 3 zu erkennen. Die Bewegung des Zahn-

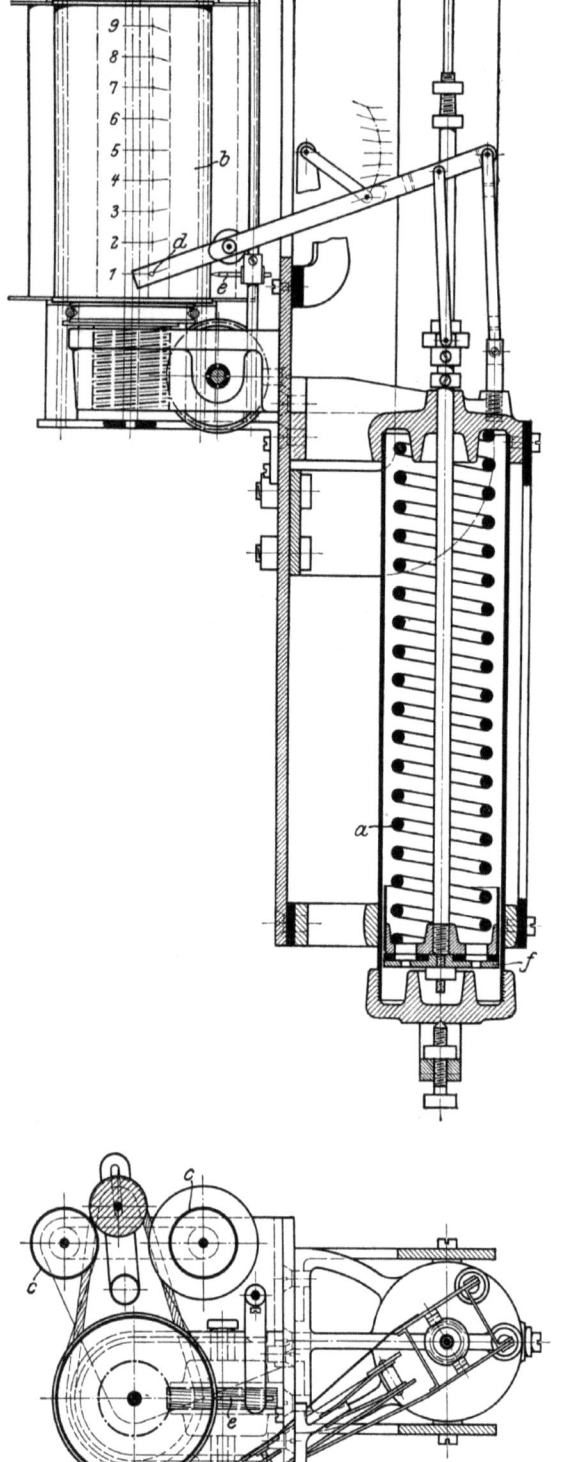

Abb. 1 und 2. Dynamometer.

rades wird durch einen Hebel mit sehr starker Uebersetzung auf die Feder a und mit nochmaliger Uebersetzung auf den Schreibstift d übertragen, so daß ein ganz geringer Ausschlag genügt und größere Massenwirkungen möglichst vermieden sind. Der Schreibzylinder b erhält seinen Antrieb von der Vorgelegewelle aus und wickelt den Papierstreifen stetig von der einen Rolle c ab und auf die andere auf. Durch ein auf die beiden Rollen c wirkendes Gewicht wird der Papierstreifen gespannt gehalten. e ist ein Stift, der zum Schreiben der Nullinie während des ganzen Versuches dient. Das Maß der Dämpfung durch die Oelbremse läßt sich mittels 2 oder 3 gegeneinander verstellbarer Scheiben f mit verschiedener Bohrung innerhalb ziemlich weiter Grenzen verändern. Bei den Schöpfversuchen mit einzelnen Bechern wurde der Einfluß dieser Schwingungsdämpfung auf die Diagramm-Arbeitsfläche besonders untersucht und dabei für die äußersten Grenzen der Einstellung ein Unterschied der Flächen, also ein möglicher Fehler von 5 vH festgestellt. Praktisch waren natürlich die Fehler stets sehr viel kleiner.

Die Meßfeder wurde durch Gewichtbelastung, das fertig eingebaute Zahndruck-Dynamometer außerdem zur Kontrolle durch Bremsversuche geeicht.

c) Versuchsgeräte.

Alle für die Versuche notwendigen Gerüste wurden in Holz ausgeführt, weil die zahlreichen, mit Rücksicht auf die Vielseitigkeit der Versuche immer wieder vorzunehmenden Abänderungen die Anwendung von Eisen ausschlossen und außerdem die Ausführung in Holz bei richtiger Anordnung die Genauigkeit keineswegs beeinträchtigt.

Die Wellen erhielten sämtlich Kugellager.

Die bei den Versuchen verbrauchten Materialien waren größtenteils von den herstellenden Firmen:

A. Stotz, Eisengießerei und Apparatebauanstalt, Stuttgart (Ketten, Becher und andere Teile);

Conrad Scholtz, Hamburg-Barmbeck (Gummi- und Balatagurte);

A. W. Kaniss, Wurzen (Gurte und Elevatorbecher);

Continental Caoutchouc & Guttapercha Co., Hannover (Gummiriemen)

umsonst oder gegen niedrigste Berechnung zur Verfügung gestellt worden. Für ihr liebenswürdiges Entgegenkommen sei diesen Firmen ebenso wie der Firma Adolf Bleichert & Co. in Leipzig an dieser Stelle nochmals wärmstens gedankt. Besondere Anerkennung gebührt der Firma A. Stotz, die in weitschauender und großzügiger Weise die Versuchsanstalt für die fortlaufende Prüfung ihrer Erzeugnisse eingerichtet und zugunsten der Entwicklung der gesamten Transportindustrie zur Verfügung gestellt hat.

4) Versuchsanordnungen.

Für den größten Teil der Versuche war die in Abb. 3 angegebene Anordnung maßgebend. Von den beiden Hauptwellen ist die obere a fest gelagert, die untere b an einem einarmigen Hebel c befestigt. Die gewünschte Beanspruchung der Gurte und Ketten wurde durch Belastung dieses Hebels hervorgebracht, das Zahnradvorgelege hatte also nur die zur Ueberwindung der Bewegungswiderstände notwendige Arbeit, dagegen keine Nutzleistung zu übertragen, wie es der Fall gewesen wäre, wenn die Belastung der Ketten durch Bremsung der unteren Scheibe hervorgebracht wäre.

a) Gurte. Zur Bestimmung der Grenzwerte des Biegewiderstandes von Gurten bei ganz geringen Umfangsgeschwindigkeiten wurden die Versuchsriemen offen über Scheiben verschiedenen Durchmessers gelegt und die beiden Enden mit Gewichten belastet. Die Scheibenwelle konnte mit ihren End-Durchmessern von 55 mm auf bearbeiteten Schienen vorwärts gerollt werden. Die dazu nötigen Uebergewichte sind für beide Bewegungsrichtungen bestimmt worden. Unter Berücksichtigung der rollenden Reibung zwischen Welle und Schienen ergaben sich daraus für die Biegewiderstände allein die in den Diagrammen eingetragenen Werte für $v = 0$ (s. Abb. 34 und 35, S. 17).

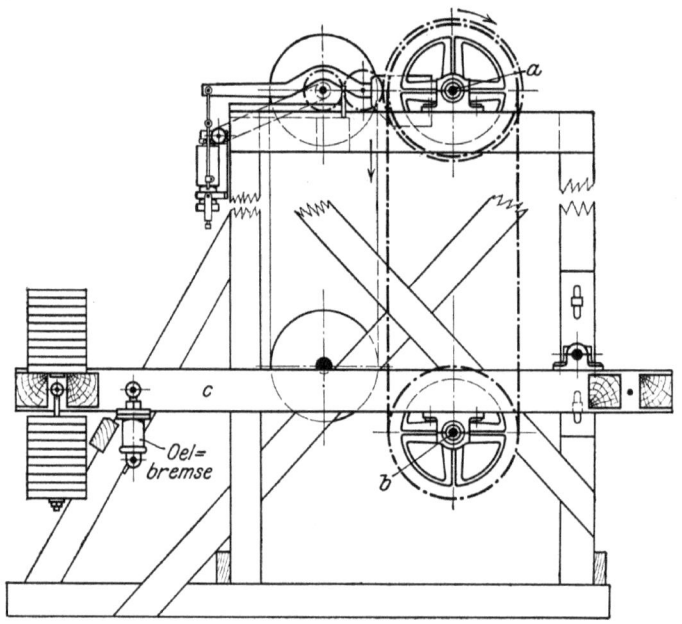

Abb. 3. Anordnung der Versuche über Biegewiderstände.

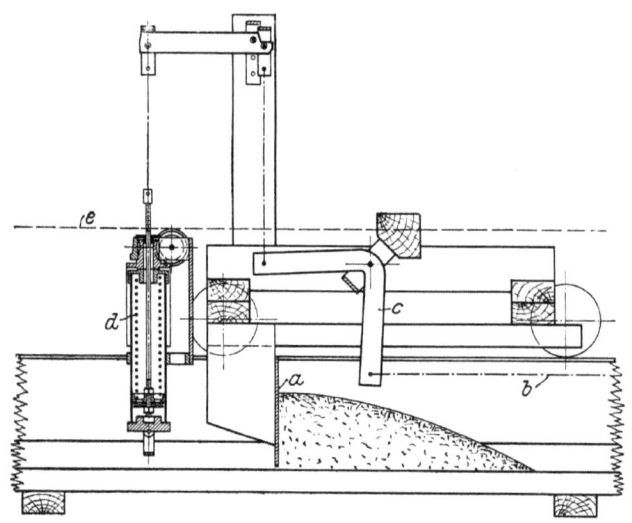

Abb. 4. Versuchsanordnung bei Kratzern.

b) Ketten. Bei den Ketten-Biegeversuchen traten infolge der kleinen Veränderungen der freien Kettenlänge beim Auf- oder Ablaufen der Glieder auf den Scheiben periodische Schwankungen in den Abständen der beiden Hauptwellen ein, die den Belastungshebel zu Schwingungen veranlaßten. Zur Vermeidung von hieraus entstehenden unberechenbaren, zusätzlichen Belastungen der Kette und damit Fehlern in der Beobachtung wurden diese Schwingungen durch eine kräftige Oelbremse, s. Abb. 3, gehemmt.

c) Kratzer. An einem kleinen, auf Schienen beweglichen Wagen, Abb. 4, war eine Blechschaufel a befestigt. Die Schaufel konnte mit dem Wagen durch ein Zugseil b in einer 4 m langen, mit Blech ausgeschlagenen Rinne fortgezogen werden, und zwar geschah dies mit Hülfe eines Fallgewichtes, dessen Größe der Belastung und der gewünschten Fördergeschwindigkeit angepaßt wurde, und das eine genügend gleichmäßige Bewegung zu erreichen gestattete. Am Ende des Troges wurde der Wagen durch ein Paar Gummipuffer aufgehalten. Das Zugseil b wirkte auf den Hebel c und durch das in der Abbildung dargestellte Gestänge auf die Feder des Dynamometers d. Zur Bewegung der Schreibtrommel diente ein über die Antriebsrolle geschlungenes, an beiden Enden des Troges befestigtes Seil e.

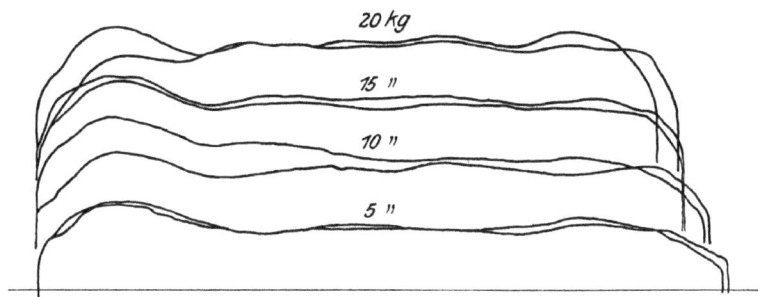

Abb. 5. Diagrammbeispiele für einen Kratzerversuch mit 5 bis 20 kg Kohlenstaub bei $v = 0{,}70$ m/sk.

Der Kurvenverlauf, Abb. 5, zeigt zu Beginn und am Ende die durch die Massenbeschleunigung oder -verzögerung hervorgerufenen Schwankungen, in seinem mittleren Teil auf eine genügende Länge hin einen angenähert gleichbleibenden Wert.

Das zu fördernde Gut lag jeweils fertig geschichtet vor der Schaufel.

d) Schnecke, Abb. 6. Die Schnecke lief leer an. Es wurde dann versucht, das Gut in stetsgleicher Menge möglichst gleichmäßig einzuführen. Die Widerstandskurve zeigt einen ansteigenden und einen abfallenden Ast für die Zeit des An- und Auslaufes, d. h. solange nicht alle Schneckengänge gefüllt sind.

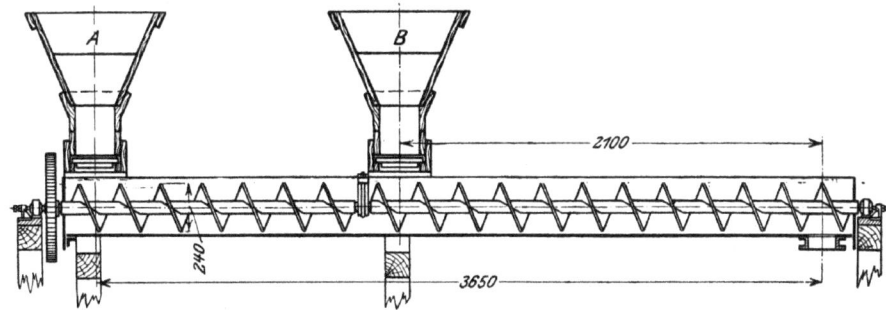

Abb. 6. Versuchsanordnung für die Schnecke.

Der Einfülltrog wurde in die Stellungen A und B gebracht und so der Widerstand sowohl bei freier Bewegung des Gutes als auch bei Hemmung durch das Zwischenlager festgestellt. Die beiden Diagramme, Abb. 7 und 8, sind Versuchen mit Zwischenlagern entnommen.

e) Schöpfversuche. Die Untersuchungen über die Schöpfarbeit wurden mit einem Schöpfrad begonnen, weil hier die aus der Bewegung der Kette sich ergebenden Widerstände fortfallen, Abb. 9. Der Becher wurde auf einer Holzriemenscheibe festgeschraubt. Das Fördergut lief dem Schöpftrog aus einem Fülltrichter zu, wobei der Einlauf sich durch einen Schieber regeln ließ. Die eine Trogseitenwand war im unteren Teil von der Welle bis etwa zur Unterkante der sich drehenden Holzriemenscheibe abnehmbar, so daß die Entleerung

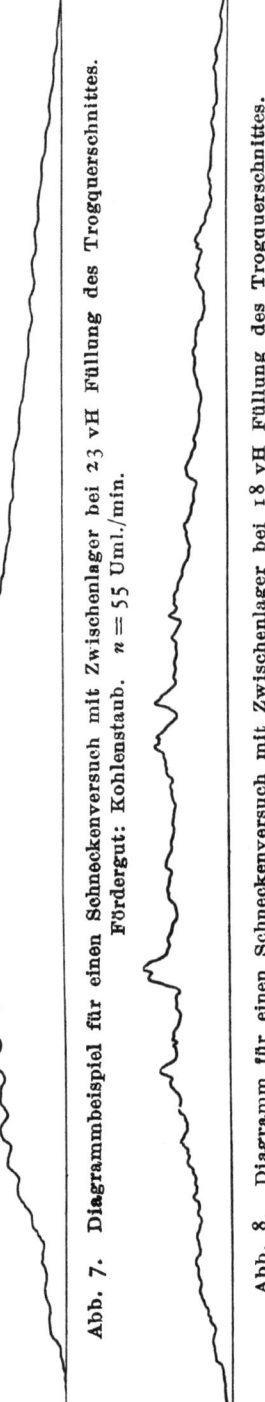

Abb. 7. Diagrammbeispiel für einen Schneckenversuch mit Zwischenlager bei 23 vH Füllung des Trogquerschnittes. Fördergut: Kohlenstaub. $n = 55$ Uml./min.

Abb. 8. Diagramm für einen Schneckenversuch mit Zwischenlager bei 18 vH Füllung des Trogquerschnittes. Fördergut: Nußkohle. $n = 55$ Uml./min.

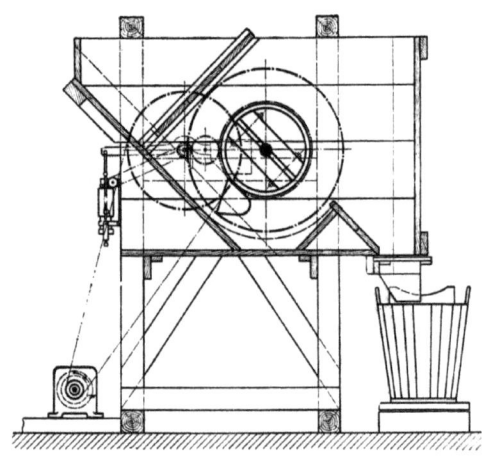

Abb. 9. Versuchsanordnung mit Schöpfrad.

der Becher beobachtet werden konnte. Der Auslauf des Troges ließ sich durch einen Schieber absperren.

In welcher Weise das Gut an den Seitenwandungen entlang verschoben wurde und hier Pressungen erfuhr, ließen die bei diesen Versuchen noch verwendeten unbekleideten, hölzernen Seitenwände deutlich erkennen, Abb. 10.

Diese Abbildung gibt gleichzeitig einigen Aufschluß über den allgemeinen Verlauf des Schöpfvorganges überhaupt, denn das Gut wird nur dann nach

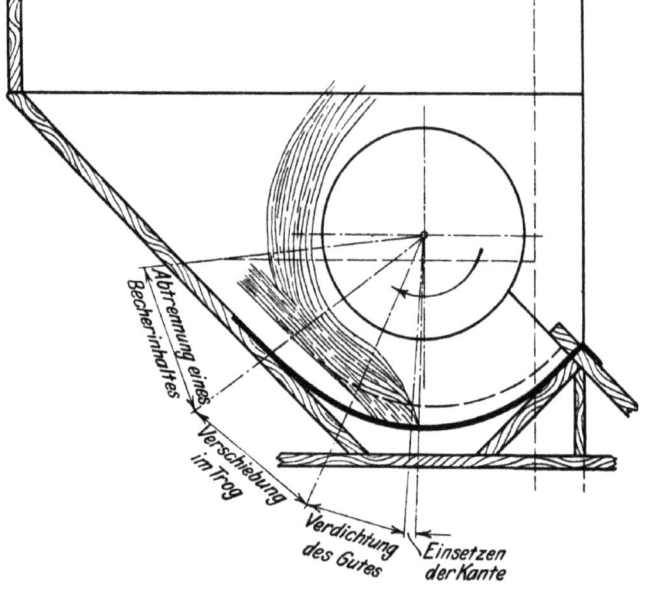

Abb. 10. Bewegung des Gutes im Trog.

den Seiten hin auszuweichen suchen und hier stärkere Spuren hinterlassen, wenn es unter dem Einfluß besonderer Kräfte steht. Man erkennt ein Eindringen der Kante in den Haufen bis zur Bildung einer den Becher ausfüllenden dichten Masse, die Verschiebung des vor dem Becher befindlichen Gutes im Troge, das Gebiet der Schleuderung des Gutes und der Lostrennung einer Einzelfüllung und weiterhin noch Spuren einiger eingeklemmter Brocken.

Es wurden immer mehrere Einzelschöpfspiele hintereinander aufgenommen, wie es die Diagrammausschnitte, Abb. 11 und 12, zeigen. Die Streifen sind mehrfach überschrieben. Es zeigt sich, daß die Diagramme für Getreide außerordentlich gleichmäßig ausfallen, während Stückkohle ganz unregelmäßige Formen aufweist. Noch ausgeprägter ist die Ungleichmäßigkeit bei Koks. Die Becherbreite bei diesen Versuchen schwankte zwischen 200 und 300 mm.

Abb. 11. Schöpfraddiagramm für Getreide bei 200 mm Becherbreite und 90 vH Füllung.

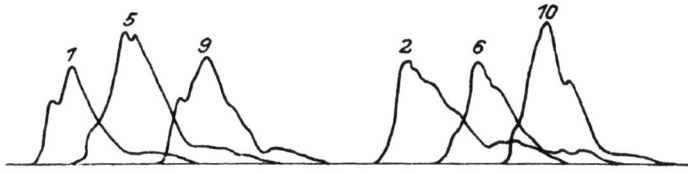

Abb. 12. Schöpfraddiagramm für Würfelkohle bei 300 mm Becherbreite und durchschnittlich 89 vH Füllung.

In den Getreidediagrammen, Abb. 11, spiegelt sich der Schöpfvorgang sehr deutlich wieder. Das erste Ansteigen der Linie entspricht dem Eindringen der Kante (1 bis 2) mit darauffolgendem Füllen des Bechers und Verdichten der Masse (2 bis 3), wobei der Widerstand naturgemäß rasch und immer stärker wächst. Mit dem Beginn des Abtrennens beginnt der Widerstand zunächst langsam (3 bis 4) und dann, nach beendeter Lostrennung, erheblich rascher zu sinken, worauf er schließlich langsam abnimmt, entsprechend dem im oberen Teil des Schöpfrades sich verringernden Hebelarme des Gewichtes des Fördergutes. Hat der Becher die höchste Stellung erreicht, so ist keine Kraft mehr aufzuwenden.

Für weitere Versuche mit Bechern von 300 bis 750 mm Breite wurde die Anordnung nach Abb. 13 und 14 gewählt, zuerst bei senkrechter und nachher, wie gezeichnet, bei schräger Lage. Damit ein Vergleich der Werte untereinander möglich wäre, erschien es erforderlich, die Größe des Spielraumes zwischen der Becherschöpfkante und dem Boden des Schöpftroges unverändert zu halten, also von Verlängerungen der Kette unabhängig zu machen. Außerdem sollte es möglich sein, das Maß dieses Spielraumes aufs äußerste herabzusetzen. Deshalb wurden die Lager der unteren Welle mit dem Trog fest verbunden und dieser selbst als Spanngewicht für die Ketten benutzt. Die mittlere Belastung betrug dabei 163 kg.

Zur Feststellung des Kraftverlaufes vom Aufgreifen des Fördergutes bis zu dessen Auslauf aus den Bechern wurden wiederum zunächst Versuche mit Einzelbechern vorgenommen. Der Becher war, solange nicht zwei Stück zur Anwendung kamen, am Gegenstrang durch ein Gewicht ausgeglichen.

Zur Ausschaltung von Nebeneinflüssen (vergl. Abschnitt 6) wurde für den Becher durch eine Flacheisenversteifung ein zweiter Stützpunkt an der Kette

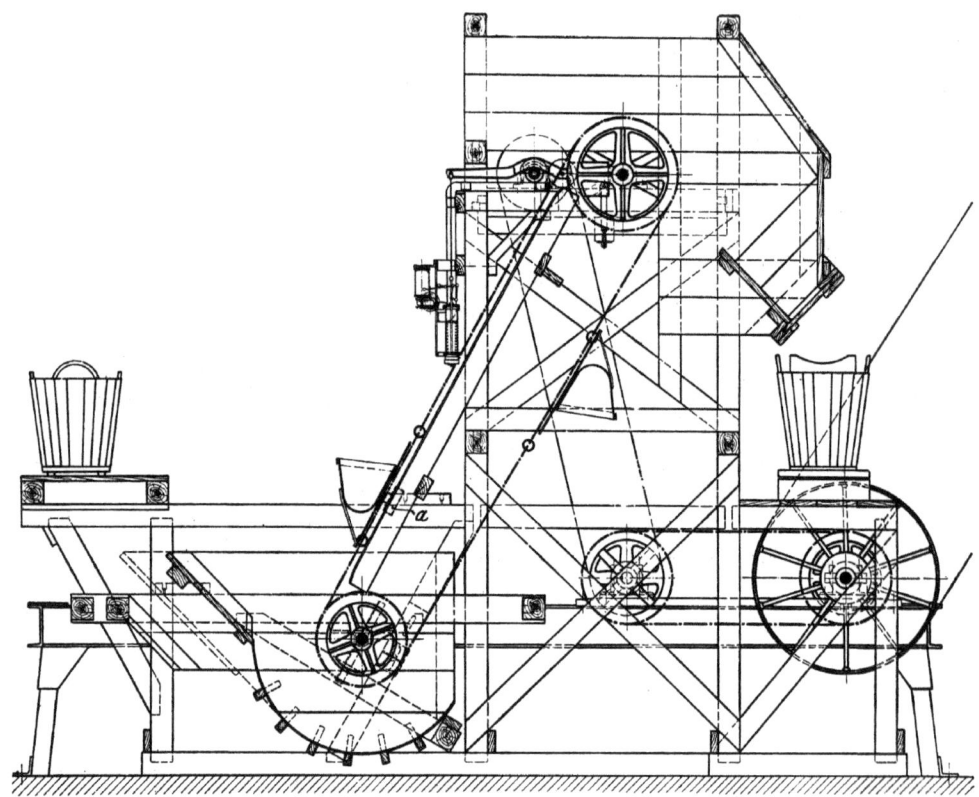

Abb. 13 und 14. Anordnung der Schöpfversuche mit Einzel-

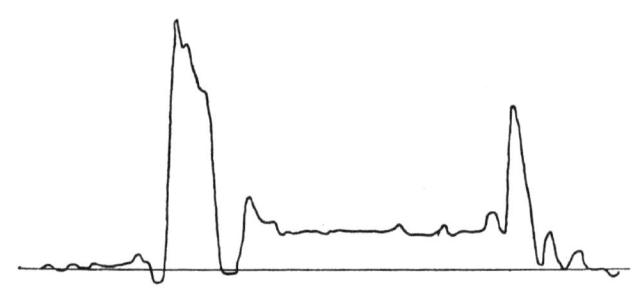

Abb. 15. Schöpfen des Bechers bei einfacher Befestigung am Rücken.

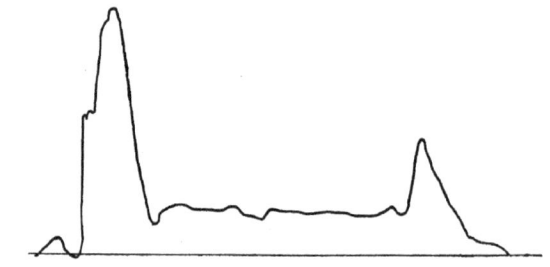

Abb. 16. Schöpfen des Bechers bei doppelter Stützung am Rücken.

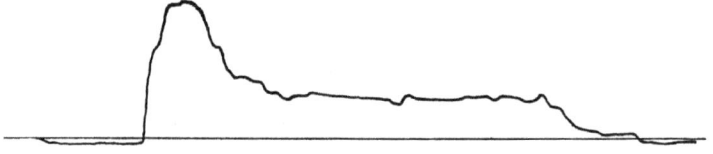

Abb. 17. Schöpfen des Bechers bei Befestigung zwischen den Ketten.

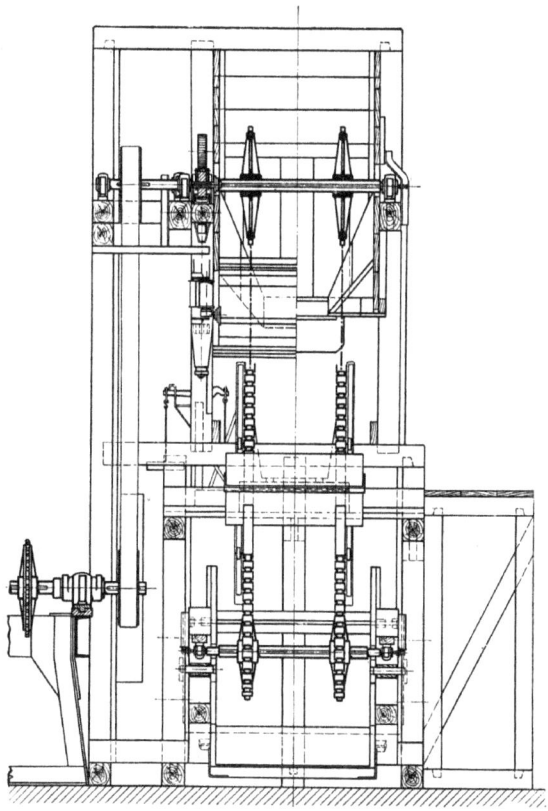

bechern an Kettenelevatoren. Maßstab rd. 1 : 45.

geschaffen, außerdem zur Verbesserung des Auswurfes die Becherrückwand verlängert. Das punktiert gezeichnete Gegengewicht *a* blieb fort, nachdem die zweifache Stützung durchgeführt war.

Bei schräger Lage der Elevatorachse lief die Kette mit Rollen auf Flacheisenschienen.

Wie aus den Diagrammbeispielen, Abb. 15 bis 17, hervorgeht, ändert sich der Kraftverlauf bei verschiedenen Arten der Verbindung zwischen Kette und Becher sehr stark. In Abschnitt 6 soll noch ausführlicher darauf eingegangen werden.

In Abb. 18 und 19 ist die Anordnung von Schöpfversuchen mit einer größeren Anzahl von Bechern, die in verschiedenen Abständen an den Ketten befestigt wurden, dargestellt. Während bei den bisher besprochenen Versuchen das Fördergut aus Körben in den Trog eingefüllt wurde, mußte nun, bei der schnellen Aufeinanderfolge der einzelnen Spiele, für gleichmäßigen Zufluß gesorgt werden.

Das Gut wurde in einen Trichter *a* von etwa 1 cbm Rauminhalt gefüllt, dessen Auslauf durch eine Klappe *b* verschlossen war. Die Menge des zufließenden Fördergutes ließ sich durch einen Rütteltisch *c* regeln, der seine Bewegung von einer verstellbaren Kurbel erhielt.

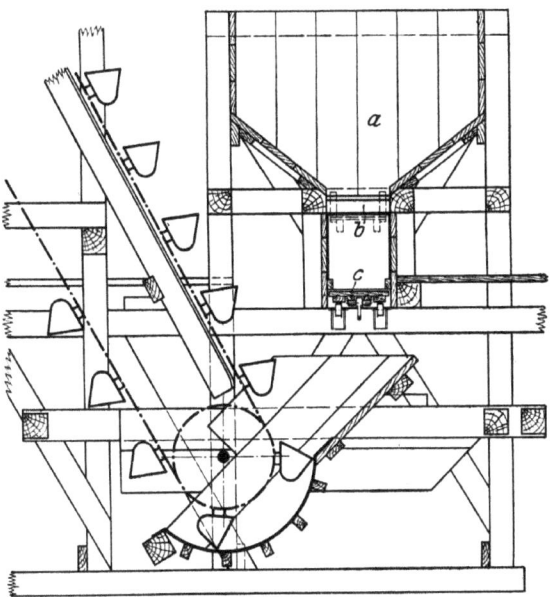

Abb. 18. Versuchsanordnung bei größerer Becherzahl.

Statt mit Rollen wurden die Becher der billigeren Herstellung wegen mit Gleitklötzen versehen, deren Reibung mit hinreichender Genauigkeit bestimmt werden konnte. Die Becherbreite betrug bei diesen Versuchen 360 mm.

Die Abb. 20 bis 23 geben Beispiele für den Verlauf der Umfangskraft bei verschiedenen Abständen der Becher. Die Kettengeschwindigkeit war bei der Aufnahme dieser Diagramme 1 m/sk.

Abb. 19. Versuchsgerüst.

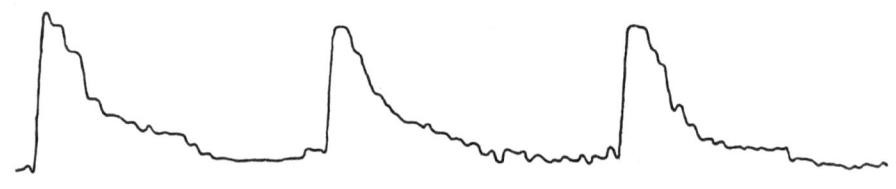

Abb. 20. Diagrammbeispiel von Schöpfversuchen mit Nußkohle bei $v = 1$ m/sk Kettengeschwindigkeit. Becherteilung 3850 mm.

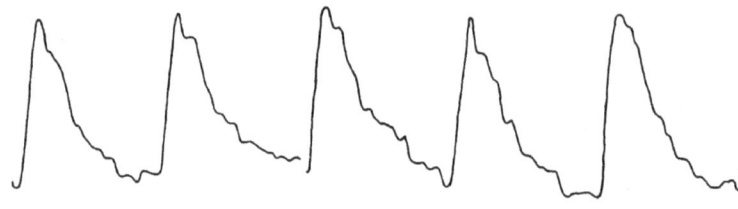

Abb. 21. Diagrammbeispiel von Schöpfversuchen mit Nußkohle bei $v = 1$ m/sk Kettengeschwindigkeit. Becherteilung 1903 mm.

Abb. 22. Diagrammbeispiel von Schöpfversuchen mit Nußkohle bei $v = 1$ m/sk Kettengeschwindigkeit. Becherteilung 951 mm.

Abb. 23. Diagrammbeispiel von Schöpfversuchen mit Nußkohle bei $v = 1$ m/sk Kettengeschwindigkeit. Becherteilung 475 mm.

5) Versuchsergebnisse.

a) Biegewiderstand von Gurten.

Bei den Versuchen wurden verändert:

1) die mittlere spezifische Belastung q kg/qcm,
2) die Umfangsgeschwindigkeit der Scheibe v m/sk,
3) der Scheibendurchmesser D mm,
4) die Gurtstärke δ mm.

Angaben über die untersuchten Gurte sind in Zahlentafel 1, die Versuchsergebnisse in Abb. 24 bis 43 zusammengestellt. Unter Biegewiderstand ist die Kraft verstanden, die sich der Drehung einer Scheibe, über welche der Riemen mit 180° Umschlingungswinkel gelegt ist, entgegensetzt, am Scheibenumfang gemessen. Die Werte sind in Gramm angegeben. Die Diagramme veranschaulichen die Abhängigkeit des Biegewiderstandes von den einzelnen veränderlichen Werten.

1) Wie die Diagramme Abb. 24 bis 33 erkennen lassen, ändert sich der Widerstand mit der Belastung in den meisten Fällen ungefähr nach einer

Zahlentafel 1. Zusammenstellung der untersuchten Gurte.

Stoff	Bezeichnung	Zahl der Einlagen	Breite mm	Dicke mm	Querschnitt qcm	Gewicht für 1 m g	Fabrikant
Hanf	H_{11}	—	110	3,7	4,06	275	A. W. Kaniss, Wurzen
	H_{33}	—	150	5,0	7,50	510	
	H_1	—	120	6,0	7,2	562	
	H_8	—	150	8,0	12,0	877	
Draht	D	—	130	—	—	2626	A. W. Kaniss
Balata	B_3	3	100	4,0	4,0	423	Conrad Scholtz, Hamburg-Barmbek
	B_4	4	100	5,0	5,0	531	
	B_5	5	125	6,0	7,5	869	
	B_7	7	100	9,0	9,0	954	
Baumwolltuch	T_4	4	130	4,7	6,11	598	A. W. Kaniss, Wurzen
	T_6	6	110	6,8	7,48	898	
Kamelhaar	K	—	130	7,0	9,10	960	A. W. Kaniss
Gummi	G_3	3	150	5,0	7,5	764	Continental Caoutchouc & Guttapercha Co., Hannover
	G_5	5	100	8,0	8,0	984	
	G_7	7	96	9,7	9,31	1222	

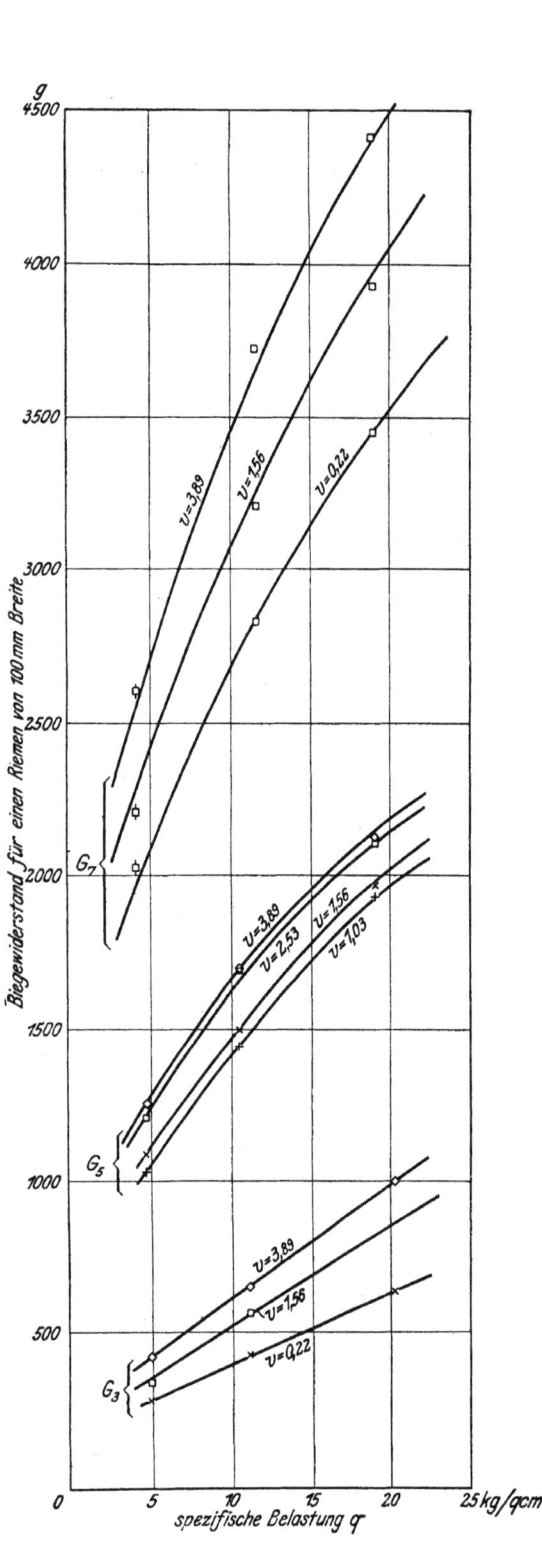

Fig. 24. Biegewiderstand von Gummigurten, abhängig von der spezifischen Belastung. Zusammengestellt für verschiedene Riemensorten und Geschwindigkeiten. Scheibendmr. 30 mm.

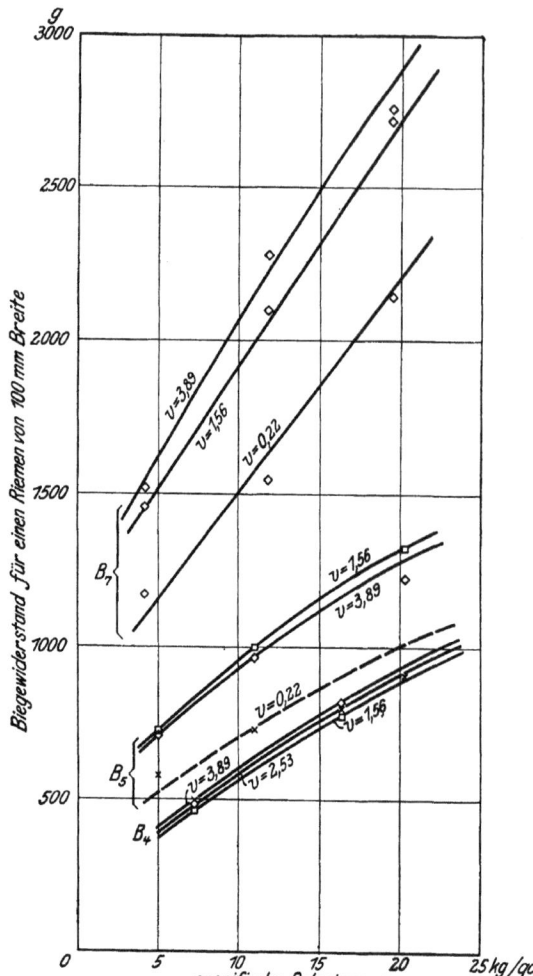

Abb. 25. Biegewiderstand von Balatagurten, abhängig von der spezifischen Belastung. Zusammengestellt für verschiedene Riemensorten und Geschwindigkeiten. Scheibendmr. 300 mm.

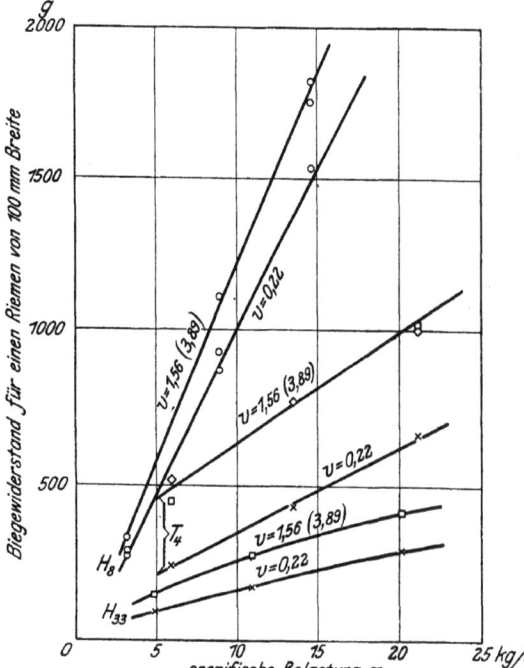

Abb. 26. Biegewiderstand von Hanf- und Tuchgurten, abhängig von der spezifischen Belastung. Zusammengestellt für verschiedene Riemensorten und Geschwindigkeiten. Scheibendmr. 300 mm.

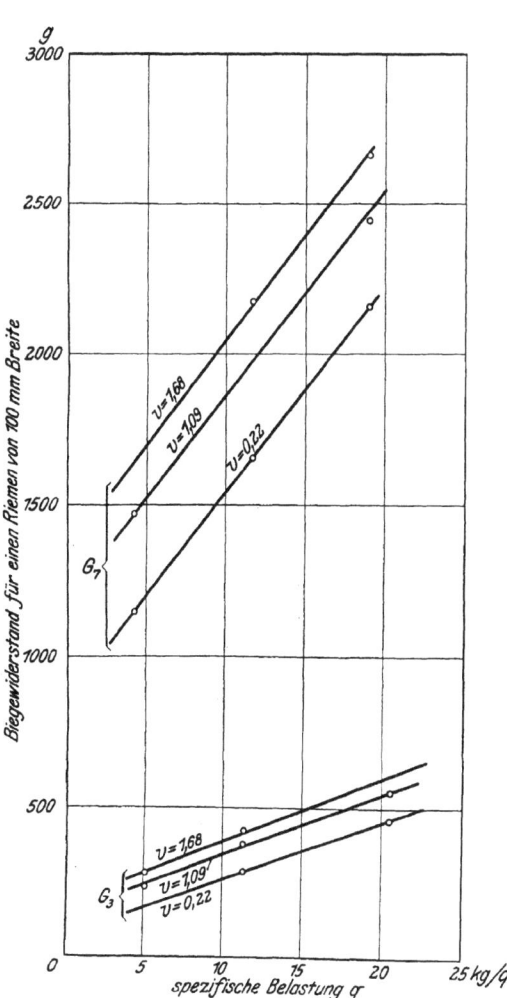

Abb. 27. Biegewiderstand von Gummigurten, abhängig von der spezifischen Belastung. Zusammengestellt für verschiedene Riemensorten und Geschwindigkeiten. Scheibendmr. 400 mm.

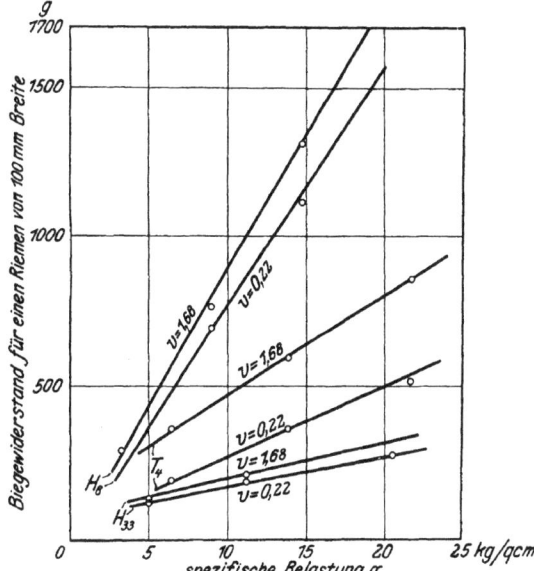

Abb. 29. Biegewiderstand von Hanf- und Tuchgurten, abhängig von der spezifischen Belastung. Zusammengestellt für verschiedene Riemensorten und Geschwindigkeiten. Scheibendmr. 400 mm.

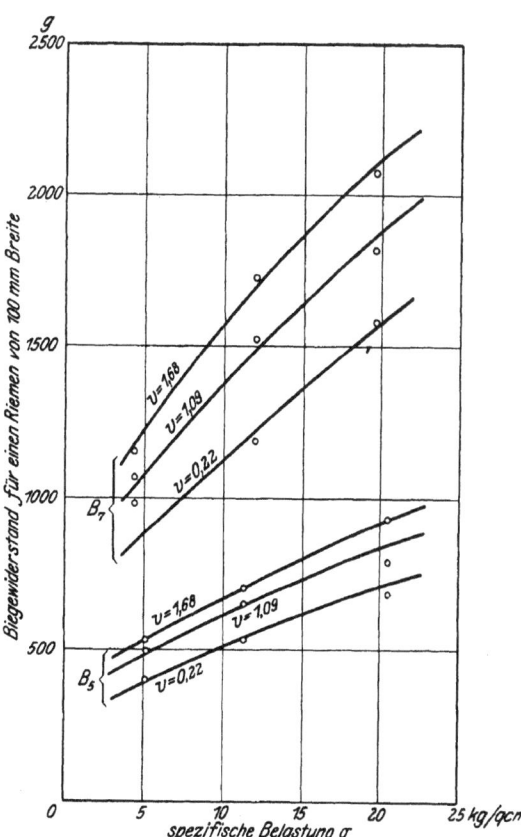

Abb. 28. Biegewiderstand von Balatagurten, abhängig von der spezifischen Belastung, für verschiedene Riemensorten und Geschwindigkeiten. Scheibendmr. 400 mm.

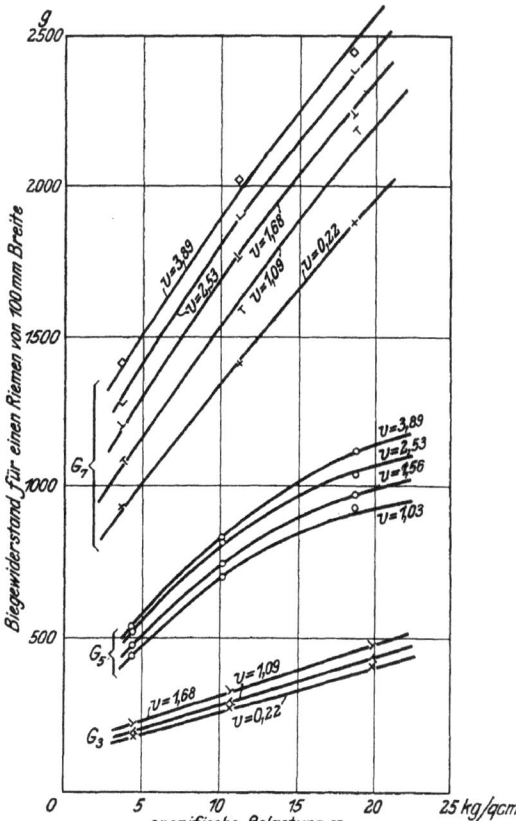

Abb. 30. Biegewiderstand von Gummigurten, abhängig von der spezifischen Belastung, f. verschiedene Riemensorten und Geschwindigkeiten. Scheibendmr. 500 mm.

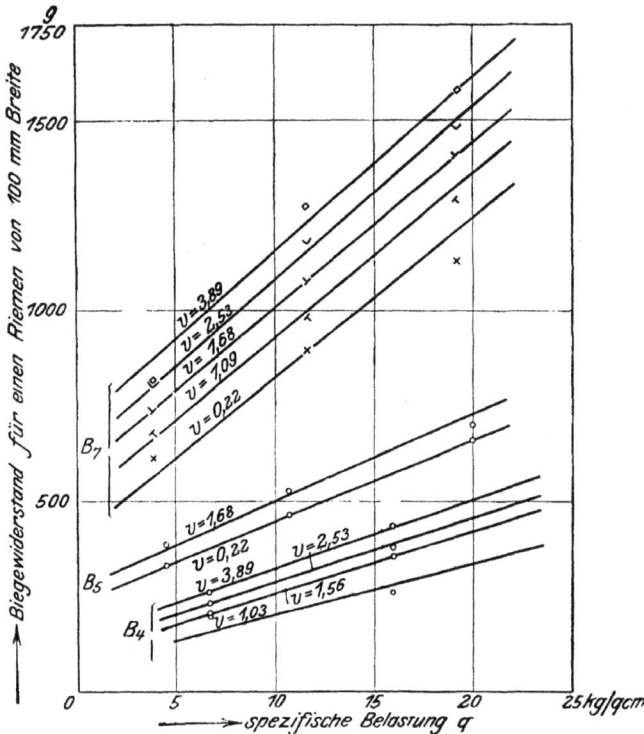

Abb. 31. Biegewiderstand von Balatagurten, abhängig von der spezifischen Belastung. Zusammengestellt für verschiedene Riemensorten und Geschwindigkeiten. Scheibendmr. 500 mm.

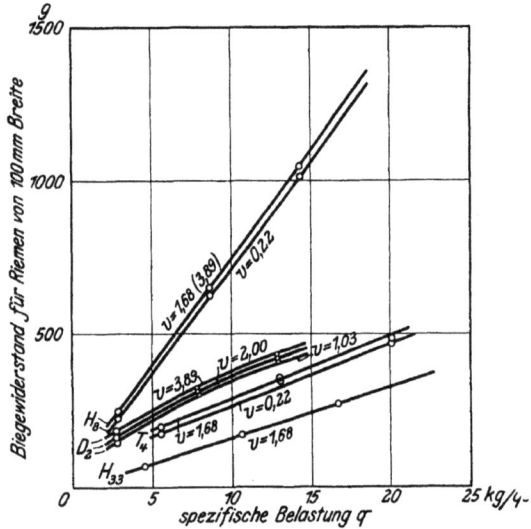

Abb. 32. Biegewiderstand von Hanf-, Tuch- und Drahtgurten, abhängig von der spezifischen Belastung. Zusammengestellt für verschiedene Riemensorten und Geschwindigkeiten. Scheibendmr. 500 mm.

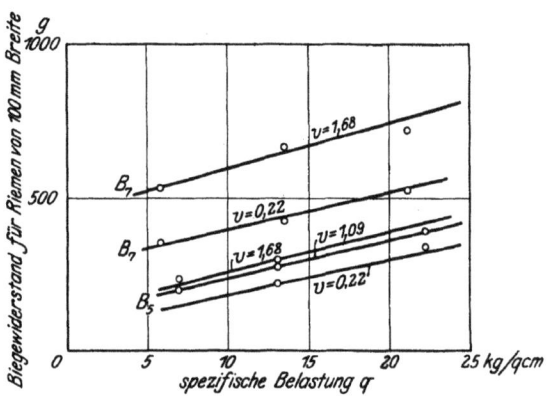

Abb. 33. Biegewiderstand von Balatagurten, abhängig von der spezifischen Belastung. Zusammengestellt für verschiedene Riemensorten und Geschwindigkeiten. Scheibendmr. 800 mm.

geraden Linie. Eine Ausnahme bildet nur der Drahtgurt, der ja auch seiner Konstruktion nach eine Sonderstellung einnimmt, und ferner der Gummigurt G_5, dessen abweichendes Verhalten wohl aus einer anderen Art der Herstellung zu erklären ist. Stärkere Abweichungen von der Proportionalität machen sich indessen erst bei den selten vorkommenden Belastungen über 10 kg/qcm bemerkbar, so daß innerhalb der für die Praxis wichtigen Grenzen alle Riemen übereinstimmendes Verhalten zeigen.

2) Mit der Geschwindigkeit steigt, wie Abb. 34 und 35 zeigen, der Widerstand anfänglich sehr rasch an, ein Verhalten, das alle Gurte überein-

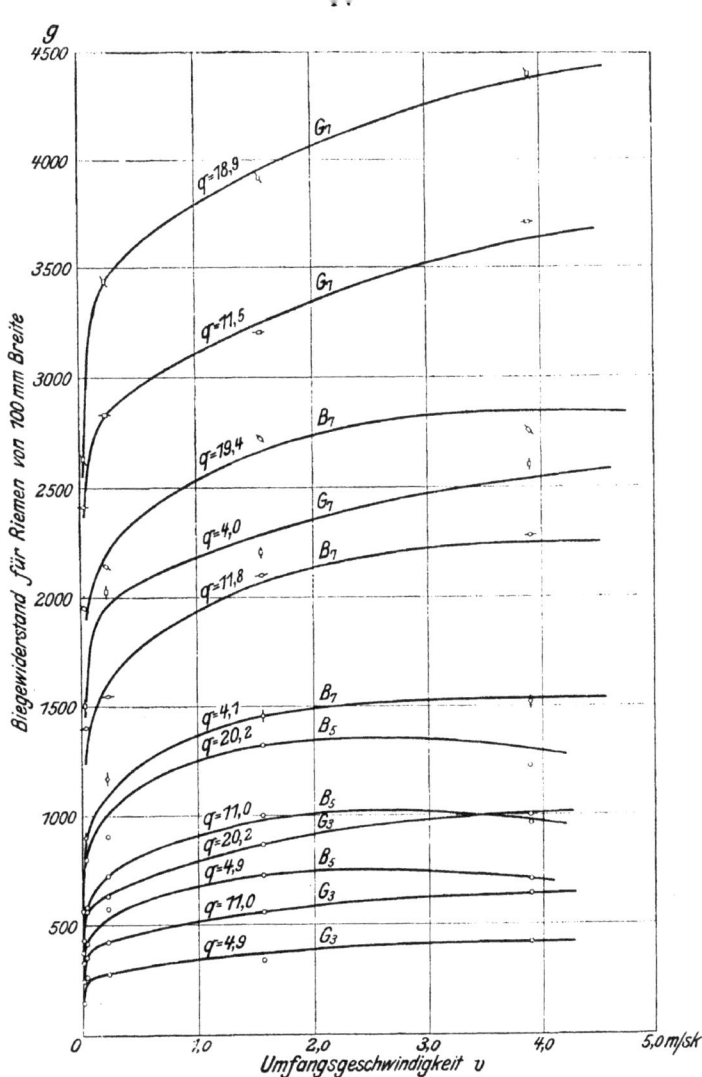

Abb. 34. Biegewiderstand von Balata- und Gummigurten, abhängig von der Geschwindigkeit. Zusammengestellt für verschiedene Riemensorten und spezifische Belastungen. Scheibendmr. 300 mm.

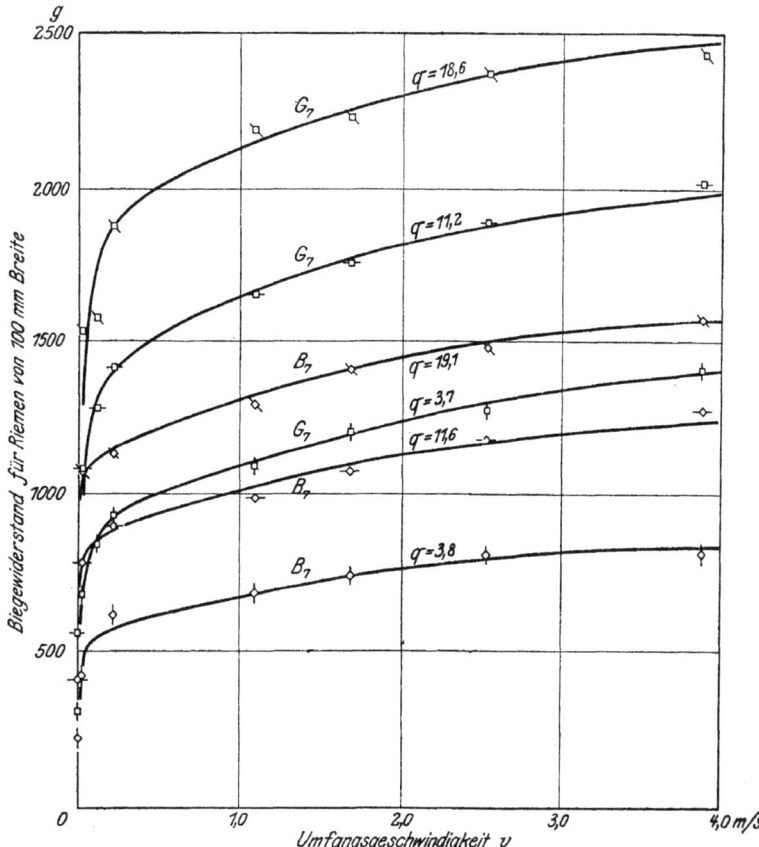

Abb. 35. Biegewiderstand von Balata- und Gummigurten, abhängig von der Geschwindigkeit. Zusammengestellt für verschiedene Riemensorten und spezifische Belastungen. Scheibendmr. 500 mm.

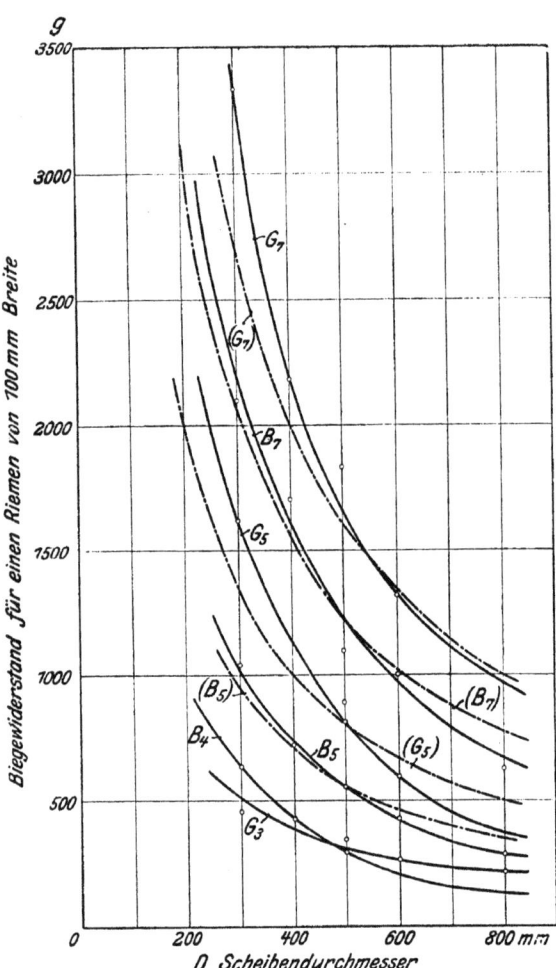

Abb. 36. Biegewiderstand von Gurten, abhängig vom Scheibendurchmesser (für verschiedene Riemensorten). $q = 12$ kg/qcm, $v = 1{,}7$ m/sk.

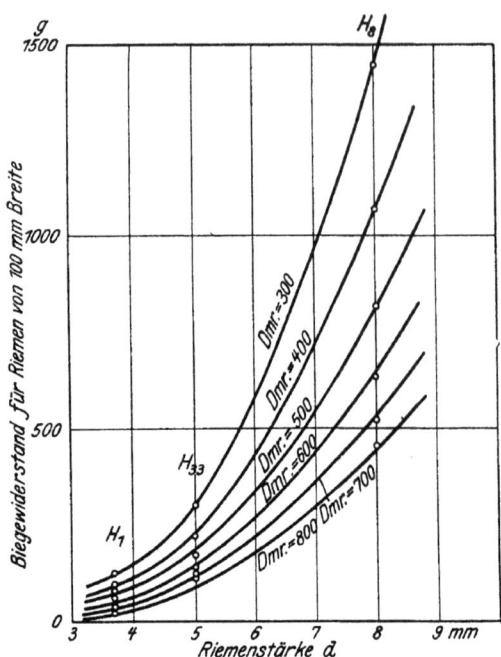

Abb. 37. Biegewiderstand von Hanfriemen, abhängig von der Riemenstärke, für verschiedene Scheibendmr. $q = 12$ kg/qcm, $v = 1{,}7$ m/sk.

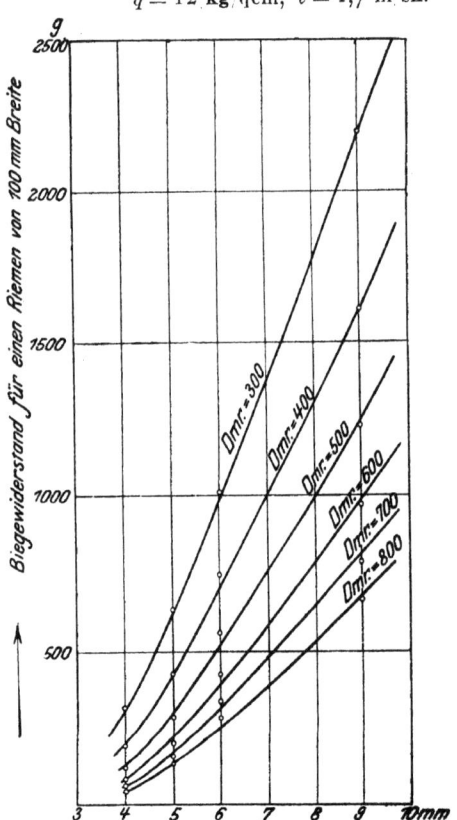

Abb. 38. Biegewiderstand von Balatariemen, abhängig von der Riemenstärke, für verschiedene Scheibendmr. $q = 12$ kg/qcm, $v = 1{,}7$ m/sk.

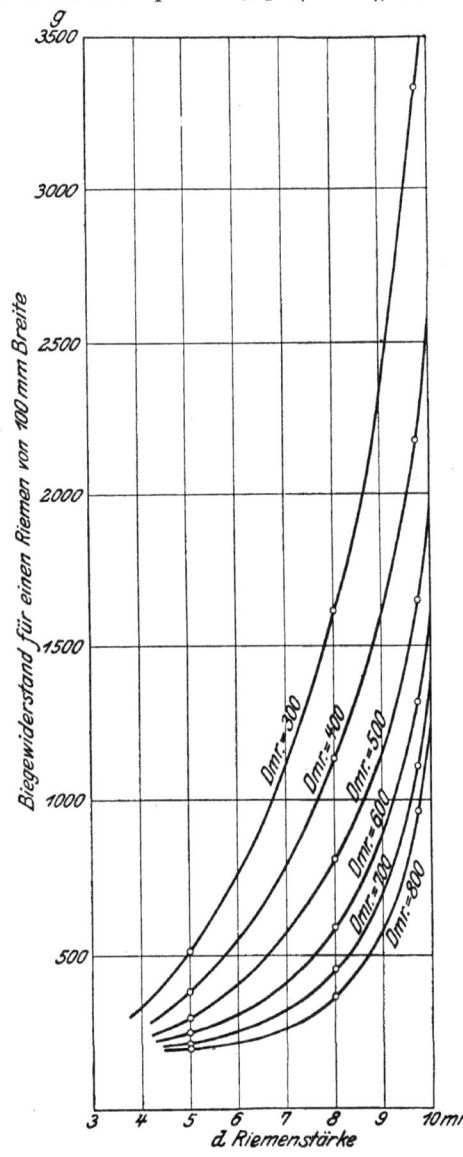

Abb. 39. Biegewiderstand von Gummiriemen, abhängig von der Riemenstärke, für verschiedene Durchmesser.

stimmend zeigen, und das sich daraus erklärt, daß die Fasern bei geringer Geschwindigkeit Zeit haben, sich gegeneinander zu verschieben, während bei größerer Geschwindigkeit der Gurt wie ein homogener Körper wirkt und als Ganzes gebogen wird. Bei den meisten Kurven beginnt der schwach ansteigende Ast bei etwa 0,2 m/sk. Da in fast allen praktischen Fällen die Arbeitsgeschwindigkeit erheblich höher liegt, so kommt der steile Kurvenast nicht mehr in Frage. Auffällig verschiedenes Verhalten zeigen übrigens, besonders bei 300 mm Scheibendurchmesser, die Balata- und die Gummiriemen. Während bei den Gummiriemen die Widerstände zwischen 2 und 4 m/sk ziemlich proportional der Geschwindigkeit ansteigen, tritt bei den Balatariemen innerhalb dieser Grenzen ein deutlich erkennbarer Höchstwiderstand und darauf wieder ein geringes Abnehmen der Widerstände ein.

3) Mit abnehmendem Scheibendurchmesser wächst, wie aus dem Diagramm, Abb. 36, zu erkennen, der Biegewiderstand sehr rasch, und zwar schneller, als der umgekehrten Proportionalität entsprechen würde. Um das Maß der Zunahme zu veranschaulichen, sind für die Riemen B_5, G_5 und G_7 die Kurven strichpunktiert eingezeichnet, die entstehen würden, wenn das Verhältnis genau eingehalten würde. Es erscheint hiernach sehr wichtig, den Scheibendurchmesser nicht zu klein zu bemessen, also, wenn es die Konstruktion erlaubt, bei schwachen Riemen bis 5 mm nicht unter 400 bis 500, bei stärkeren Gurten nicht unter 600 bis 800 mm zu gehen. Nicht nur der Kraftverbrauch, sondern auch die Abnutzung des Gurtes werden durch zu kleine Leitrollen sehr gesteigert.

In Abb. 37 sind die Widerstandswerte bei $q = 12$ kg/qcm und $v = 1,7$ m/sk eingetragen.

4) Die Riemenstärke hat ebenfalls sehr großen Einfluß auf die Höhe des Biegewiderstandes, Abb. 37 bis 39. Es zeigt sich, daß bei Stärken bis zu etwa 4 mm die Widerstände ziemlich niedrig sind, während zwischen 4 und 6 mm die Kurve plötzlich sehr stark zu steigen beginnt, eine Erscheinung, die am auffälligsten bei den Gummiriemen zutage tritt.

Für den praktischen Gebrauch sind namentlich die ausführlichen Diagramme der Abb. 24 bis 33 bestimmt, während die übrigen nur Beispiele zur Veranschaulichung des Verhaltens der Riemen darstellen. Sämtliche Werte, sowohl in den Zahlentafeln, wie in den Diagrammen, sind reine Biegungswerte, d. h. die Nebenwiderstände, insbesondere die Lagerreibung, sind bereits abgezogen. Die Versuchswerte sind außerdem halbiert worden, gelten also, wie oben bereits bemerkt, für eine einzige Scheibe.

Die Riemenenden waren entweder durch Vernähen der zugespitzten Riemenenden, Abb. 40, oder durch Schienenverbinder, Abb. 41, oder durch Ueberlappen der stumpf gegeneinander gestoßenen Enden mit einer Decklasche aus Leder, Abb. 42, verbunden. Die Diagrammbeispiele lassen erkennen, daß das Vernähen bei weitem den ruhigsten Uebergang über die Scheiben ergibt, während bei Schienenverbindern der Lauf ziemlich unruhig ist und bei Laschenverbindung geradezu Stöße auftreten. Ein irgendwie nennenswerter Einfluß auf den Durchschnittswiderstand, also den Gesamtkraftverbrauch, war indessen bei wiederholten Proben nicht festzustellen.

Bei den Versuchen mit offenen Riemen wurde gleichzeitig die Dehnung bei verschiedenen Belastungen festgestellt. Nach Abb. 43 sind bei Tuch- und Balata-Riemen die Dehnungen der Belastung genau proportional, während sie bei Hanf- und Gummiriemen langsamer zunehmen. Alle innerhalb der Belastungsgrenzen (bis zu 12 kg/qcm) festgestellten Dehnungen gingen allmählich zurück, zum Teil allerdings erst nach mehreren Tagen.

Da neben dem Widerstand, den die Fasern des Gurtes der Dehnung oder Verkürzung entgegensetzen, infolge Abstandes zwischen der neutralen Achse

Abb. 40 bis 43. Einfluß verschiedener Riemenverbindungen.

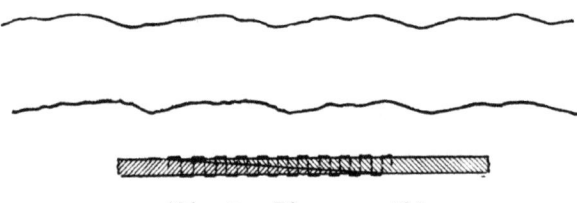

Abb. 40. Riemen genäht.

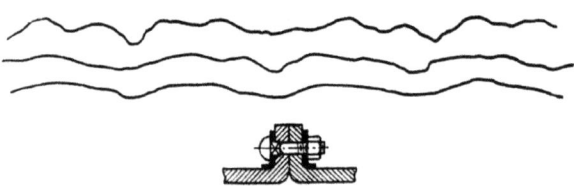

Abb. 41. Schraubenverbindung.

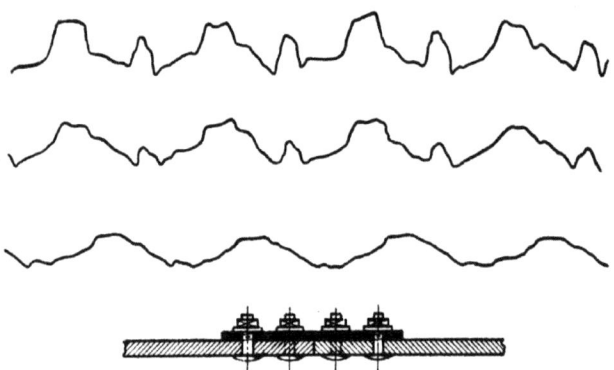

Abb. 42. Verbindung mit Decklasche.

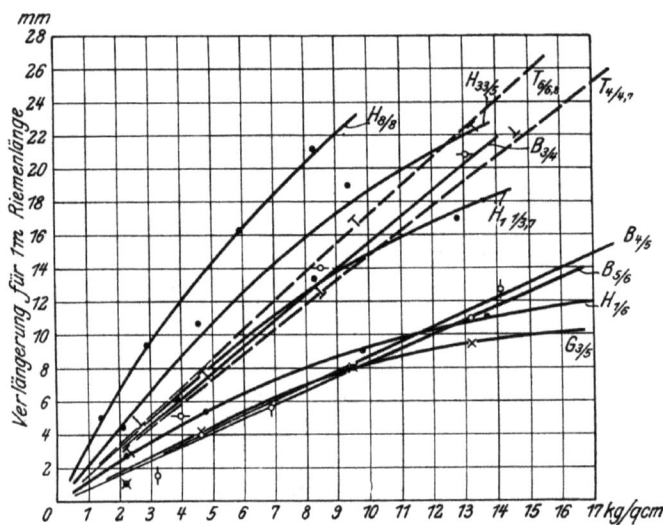

Abb. 43. Dehnungen verschiedener Stoffe, abhängig von der spezifischen Belastung.
(Die zweite Zahl gibt immer die Riemenstärke an.)

des Riemens von der Scheibenoberfläche auch ein Gleiten zwischen Riemen und Scheibe stattfinden muß, so war anzunehmen, daß verschiedene Beschaffenheit der Oberflächen verschiedene Widerstände ergeben würden. Die Vergleichsversuche, die zur Feststellung dieses Einflusses mit Eisen- und Holzscheiben gemacht wurden, wiesen jedoch keine meßbaren Unterschiede auf.

b) Biegewiderstand von Ketten.

Es wurden 5 verschiedene Ketten aus schmiedbarem Guß, sämtlich aus der Fabrik von A. Stotz, untersucht. Die einzelnen Daten sind in Zahlentafel 2 gegeben.

Zahlentafel 2. Untersuchte Ketten.

Bezeichnungen	mittleres Gewicht eines Gliedes g	Gewicht für 1 lfd. m g	mittlere Gliedlänge mm	Bolzendurchmesser mm	Prüfungsbelastung kg	Bruchlast der		ruhende Bruchlast nach erfolgtem erzwungenem Bruch	Fabrikant
						Ruhe kg	Bewegung kg		
zerlegbare Treibkette { 32/25	23,6	0,75	32,0	5	300	618	390	688	A. Stotz, Eisengießerei u. Apparatebauanstalt, Stuttgart
65/65 b	258	4,00	95,3	11,5	1400	3323	—	—	
Stahlbolzenkette { 32	62,2	1,95	32,0	7	750	2138	1250	2098	
65	453	6,75	65,9	12	3800	6313	—	—	
65 mit Stahlbüchsen	453	6,75	65,9	12	3800	6695	—	—	

Verändert wurden bei den einzelnen Ketten:
1) die mittlere Belastung Q in kg,
2) die Umfangsgeschwindigkeit v in m/sk,
3) der Durchmesser D des Kettenrades in mm,
4) die Betriebsdauer.

Wie bei Gurten ist unter Biegewiderstand die Kraft verstanden, die sich der Drehung eines Rades, das die Kette um 180° ablenkt, entgegenstellt, im Teilkreis gemessen. Die Werte sind in den Diagrammen in kg angegeben.

Der Biegewiderstand wird hervorgebracht durch die Reibung, die sich der Drehung der Kettenglieder beim Auflaufen und Ablaufen vom Rad in den Gelenken entgegensetzt, und durch die Massenwiderstände infolge wechselnder Beschleunigung und Verzögerung der Ketten.

Während einer vollen Umdrehung des Rades, also bei einem Widerstandswege $= \pi D$, ist die Summe der Reibungswege an den einzelnen Gelenkbolzen $= \pi d$, wenn D den Raddurchmesser, d den Durchmesser des Gelenkbolzens bezeichnet. Wird die Belastung, die sich aus den Spannungen der beiden Kettenstränge zusammensetzt, mit Q, der auf die Reibung entfallende Teil des Biegewiderstandes mit W_r bezeichnet, so ergibt sich aus der Uebereinstimmung der beiden Ausdrücke für die Arbeit:

$$W_r \pi D = \mu Q \pi d,$$
$$W_r = \mu Q \frac{d}{D}.$$

Die aufzuwendende Beschleunigungsarbeit ergibt sich unter Berücksichtigung von Abb. 44 aus folgender Ueberlegung:

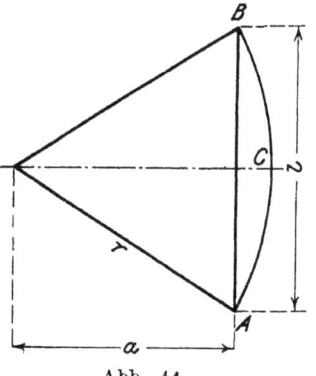

Abb. 44.

Während der Ablenkpunkt von dem Punkt A bis zum Punkt C wandert, wird die Geschwindigkeit der Kette von v_{min} auf v_{max} gesteigert, und wenn das beschleunigte Kettengewicht die Bezeichnung G erhält, eine Arbeit geleistet:

$$A_b = \frac{G}{g} \frac{v_{max}^2 - v_{min}^2}{2}.$$

Nun ist mit ω als Winkelgeschwindigkeit $v_{max} = r\omega$ und $v_{min} = a\omega$, und daher:

$$A_b = \frac{G}{g} \frac{\omega^2}{2} (r^2 - a^2) = \frac{G}{g} \frac{\omega^2}{2} \left(\frac{l}{2}\right)^2.$$

In dieser Formel ist l die Teilung der Kette.

Die mittlere Geschwindigkeit ist mit z = Zähnezahl des Rades:

$$v = \frac{zln}{60} = \frac{zl\omega}{2\pi}, \quad \omega = \frac{2\pi v}{2l}.$$

$$A_b = \frac{G}{g} \frac{\pi^2 v^2}{2 z^2}.$$

Dies gilt für ein einziges Glied. Bei einer vollen Umdrehung ist die z fache Arbeit zu leisten, also

$$A_b = \frac{G}{g} \frac{\pi^2 v^2}{2 z}.$$

Würde diese gesamte Arbeit verbraucht und nicht wiedergewonnen werden, so ergäbe sich für den Beschleunigungswiderstand durch Teilung durch den Widerstandsweg πD der Ausdruck:

$$W_b' = \frac{G}{g} \frac{\pi v^2}{2 z D}.$$

Der durch die Versuche nachgewiesene Widerstand ist nur ein ziemlich geringer Teil hiervon. Bezeichnet man die Verhältniszahl mit ξ, so ist:

$$W_b = \xi \frac{G}{g} \frac{\pi v^2}{2 z D}.$$

Nicht berücksichtigt ist bei diesen Rechnungen die Laschenreibung, die dadurch entsteht, daß die Glieder der Kette seitlich aneinanderreiben, ein Widerstand, der besonders bei stark verschmutzten Ketten in Frage kommt. Es dürfte aber kaum Zweck haben, darauf näher einzugehen, um so mehr, als sehr vernachlässigte Einrichtungen überhaupt theoretisch nicht mehr zugänglich sind und auch keiner Rechnung zu bedürfen pflegen. Auf einen geringen Einfluß der Laschenreibung weist der Umstand hin, daß die Linie der Biegewiderstände, abhängig von der Belastung, auch bei geringen Geschwindigkeiten nicht genau auf den Nullpunkt zuläuft, obwohl das Eigengewicht der Kette bei den Rechnungen berücksichtigt worden ist. Der Betrag, um den die Linie vom Nullpunkt abweicht, ist bei der Stahlbolzenkette, Abb. 45, erheblich höher, als bei der Treibkette, da erstere größere seitliche Reibflächen hat.

Die Versuche ergaben nun, daß die Reibungszahl μ betrug

für Stahlbolzenkette Nr. 65 0,21
» » » 32 0,22
» Treibkette Nr. 65/65b 0,27
» » » 32/25 0,29

Für kleine Ketten ist μ also höher, für große niedriger. Auch weist die Treibkette ziemlich erheblich höhere Werte auf als die Stahlbolzenkette, was in der weniger sorgfältigen Herstellung seine Erklärung findet. Für andere

Kettennummern läßt sich der Wert μ hiernach unschwer mit für die Praxis genügender Genauigkeit abschätzen. Die Ketten waren bei den Versuchen gut eingefettet. Die Versuche wurden entweder bei sehr geringer Geschwindigkeit oder mit so großen Raddurchmessern vorgenommen, daß die Massenwiderstände

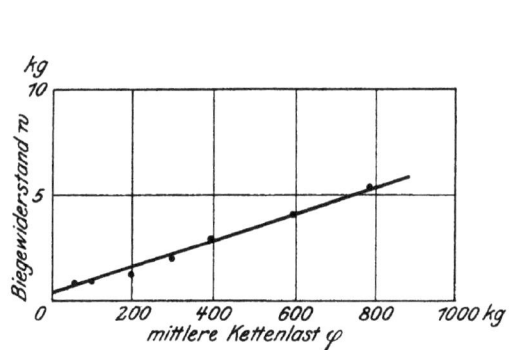

Abb. 45. Biegewiderstand einer Stahlbolzenkette 32 bei 3,0 m/sk und 500 mm Raddmr.

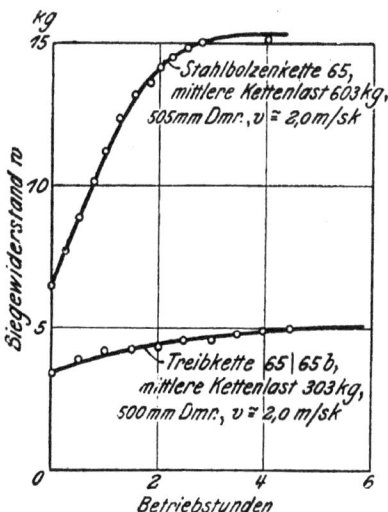

Abb. 46. Biegewiderstand von Ketten, abhängig von der Betriebsdauer.

keine Rolle spielen konnten. Die Laschenreibung ist bei der Berechnung abgezogen worden und muß daher durch einen geringen Zuschlag schätzungsweise berücksichtigt werden.

Die oben gegebenen Werte für μ gelten nur für kurze Betriebsdauer. Zur Feststellung des Einflusses größerer Betriebsdauer wurden zwei Versuche unternommen, der eine mit einer Stahlbolzenkette 65, der andere mit einer Treibkette 65/65b. Das Ergebnis geht aus dem Diagramm, Abb. 46, hervor. Es zeigt sich, daß bei der Stahlbolzenkette zunächst ein sehr rasches Steigen des Widerstandes, dann ein Umbiegen nach einem festen Endwert stattfindet, der nach etwa 3 Stunden erreicht ist und das 2,4fache des Anfangswertes beträgt. Bei der Treibkette tritt der Endwert erst später ein, beträgt aber nur das 1,5-fache des Anfangswertes. Als die Versuche am nächsten Tage wieder aufgenommen wurden, zeigte es sich, daß der Widerstand bei der Stahlbolzenkette nur um 3 vH, derjenige der Treibkette dagegen bis nahezu auf den Anfangswert zurückgegangen war. Danach sind die Schmierverhältnisse bei der untersuchten Stahlbolzenkette weit ungünstiger, als bei der Treibkette, und zwar erklärt sich das einfach daraus, daß bei der letzteren, deren Bolzen nicht ganz vom Haken umschlossen wird, ein freier Raum vorhanden ist, in dem sich Schmierstoff sammeln kann, der dann bei jeder Biegung wieder von der Nabe berührt wird. Bei längerer Pause wird sich dieser Schmierstoff wieder zwischen die Laufflächen ziehen, so daß diese nie trocken werden. Bei der Stahlbolzenkette, deren Bolzen die Bohrung der Nabe voll ausfüllt, ist ein solcher Raum nicht vorhanden, und der Schmierstoff wird daher nach den Seiten herausgepreßt, von wo er gar nicht oder nur in ganz geringem Maße wieder zwischen die Flächen gelangt. Es folgt daraus, daß bei der Stahlbolzenkette, wie es bei jedem Lager geschieht, Schmiernuten vorgesehen werden sollten, die ohne Zweifel eine erhebliche Verminderung des Biegewiderstandes herbeiführen würden.

Zur Berechnung des durchschnittlichen Kraftverbrauches dürften die Versuchsergebnisse genügen. Je nach der Konstruktion der Kette und der in Aussicht genommenen ununterbrochenen Betriebsdauer ist die oben gefundene Reibungszahl μ mit einem schätzungsweise anzunehmenden Werte zu multiplizieren.

Versuche, die mit einer Treibkette in durch Kohlenstaub stark verunreinigtem Zustand vorgenommen wurden, ergaben, daß der Widerstand um 5 vH zunahm.

Ueber den tatsächlichen Einfluß der Massenbeschleunigung auf den Biegewiderstand geben die Diagramme Abb. 47 und 48 Aufschluß, die sich beide auf Stahlbolzenkette Nr. 65 beziehen. Es ergibt sich beispielsweise bei 1000 kg

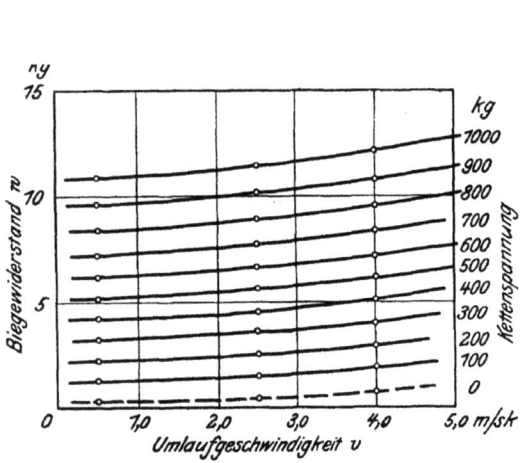

Abb. 47. Kettenbiegewiderstand, abhängig von der Umlaufgeschwindigkeit bei verschiedenen Kettenbelastungen für Stahlbolzenkette 65 und Kettenraddurchmesser $D = 505$ mm.

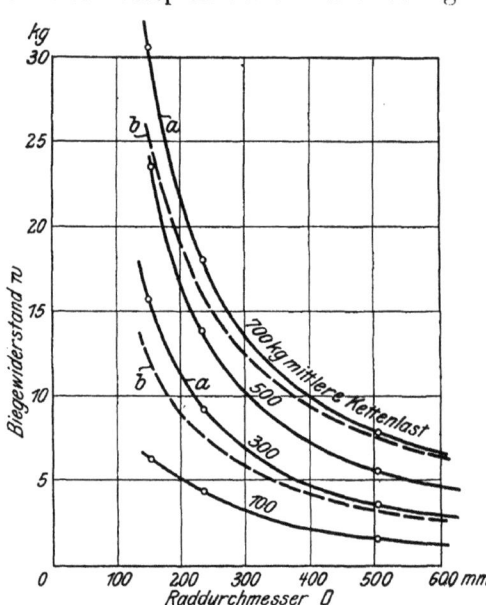

Abb. 48. Kettenbiegewiderstand, abhängig vom Raddurchmesser, für Stahlbolzenkette 65 bei $v = 2{,}0$ m/sk.

Kettenspannung, 4,0 m/sk Umfangsgeschwindigkeit und 505 mm Raddurchmesser ein um 1,3 kg höherer Biegewiderstand als bei 0,5 m/sk. Mit $G = 33{,}6$ kg Kettengewicht und $d = 12$ mm Bolzendurchmesser folgt

$$1{,}3 = \xi \frac{33{,}6}{9{,}81} \cdot \frac{0{,}065 \cdot 4{,}0^2}{2 \cdot 0{,}505^2} = 6{,}97 \xi$$

und hieraus $\xi = 0{,}19$.

Bei geringeren Kettenspannungen sinkt der Wert ξ ganz beträchtlich, nahezu auf die Hälfte, was darauf hinweist, daß der verhältnismäßig niedrige Wert des aus den Versuchen sich ergebenden Beschleunigungswiderstandes gegenüber der theoretisch aufzuwendenden Kraft sich hauptsächlich aus dem freien seitlichen Ausschwingen der Kettenstränge und dem dadurch ermöglichten Längenausgleich erklärt. Bei schwach gespannter Kette ist dieser Ausgleich leichter möglich als bei hoher Belastung.

In dem Diagramm Abb. 48, das die Biegewiderstände in Abhängigkeit von den Raddurchmessern wiedergibt, sind für 300 und 700 kg Kettenspannung die durch den Versuch ermittelten Beschleunigungswerte abgezogen und in den Kurven b die Restbeträge aufgezeichnet worden, die mit ziemlich großer Genauigkeit den theoretischen Reibungskurven entsprechen.

c) Bewegungswiderstand in Kratzer-Rinnen.

Die Zahlentafel 3 enthält Mittelwerte des auf 1 kg Fördergut bezogenen Verschiebewiderstandes für Fördergeschwindigkeiten innerhalb etwa 0,2 bis 1,0 m/sk.

Zahlentafel 3.
Widerstandszahl für Kratzertransport, gemessen bei Geschwindigkeiten von 0,2 bis 1 m/sk.

Fördergut	spezifisches Gewicht im Mittel	Schaufel-winkel	Trogbreite [1]			Trogbreite [2]
			600 mm	400 mm	200 mm	600 mm
Kohlenstaub	0,782	90°	0,73	0,72	0,97	0,57
		90°	—	0,64 [3]	—	—
		120°	0,78	—	—	—
Kesselkohle, 2,5 cm³ . .	0,661	90°	0,66	0,61	—	0,53
Würfelkohle, 5,0 cm³ . .	0,618	90°	—	0,57	—	—
Koks, 4,5 cm³	0,388	90°	0,44	0,37	—	—
		120°	0,47	—	—	—

[1]) Querschnittform nach Abb. 49. [2]) Querschnittform nach Abb. 50.
[3]) An den Schaufelecken 15 mm schräg abgeschnitten.

Ein beachtenswertes, unerwartetes Ergebnis war, daß die Widerstandszahl sich als unabhängig von dem Grade der Füllung und auch als unabhängig von der Geschwindigkeit erwies. Von Einfluß dagegen waren die Breite der Kratzerrinnen, die Form und Stellung der Schaufeln, sowie Art und Zustand des Fördergutes.

In Zahlentafel 3 sind die Durchschnittswerte für die Reibungswiderstände, wie sie sich aus einer größeren Anzahl von Versuchen ergeben haben, zusammengestellt. Abb. 49 und 50 geben die Querschnitte der bei den Versuchen benutzten Kratzerrinnen. Auffallend ist zunächst, daß mit dem Abnehmen der Trogbreite von 600 auf 400 mm die Widerstandszahl sinkt, während sie bei der geringsten Breite von 200 mm ganz erheblich höher ist. Es scheint hiernach,

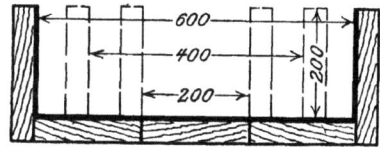
Abb. 49. Querschnitte der bei den Versuchen benutzten Kratzenrinnen (rechteckig).

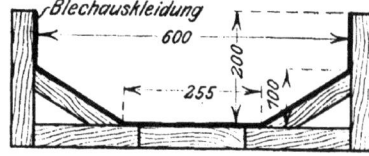
Abb. 50. Amerikanische Form der Kratzerrinne.

daß es eine günstigste Breite gibt, die den geringsten Widerstand bietet. Im ersten Falle wirkt offenbar die lange Berührungsfläche, die das Gut mit dem Rinnenboden hat, bei den kleinen Breiten dagegen die verstärkte Reibung und Klemmung an den Seitenwänden nachteilig.

Eine besonders starke Klemmung entsteht in den scharfen Ecken des Kratzertroges, da hier das Gut am wenigsten leicht ausweichen kann. Schon wenn die Ecken der Schaufeln eine Abschrägung von 15 mm Seitenlänge erhalten, sinkt der Widerstand um mehr als 10 vH. Noch wesentlich günstiger aber ist die amerikanische Form nach Abb. 50, bei der der Widerstand um weitere 10 bis 15 vH zurückgeht.

Der Winkel, unter dem die Schaufel gegen den Rinnenboden steht, ist bei praktischen Ausführungen verschieden. Man nahm vielfach an, daß eine Schrägstellung, Abb. 51, zweckmäßiger wäre, weil dann der Rinnenboden entlastet würde und die Schaufeln das Gut teilweise tragend fortbewegten. Die Versuche ergaben jedoch, daß bei Schrägstellung auf $\alpha = 120°$ gegenüber 90° der Widerstand sich um etwa 7 vH erhöht, so daß die senkrechte Stellung immer vorzuziehen ist.

Von den untersuchten Materialsorten ergab Kohlenstaub den größten Widerstand, was daraus zu erklären ist, daß die feinen Teile sich in die Fugen zwischen Schaufel und Rinne klemmen. Je großstückiger die Kohle wird, um so geringer wird dieser Einfluß. Koks ergab den geringsten Widerstand entsprechend seiner glatteren Oberfläche.

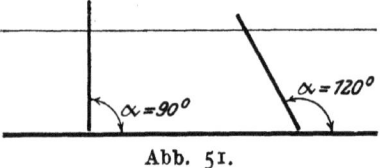

Abb. 51.

Wenn mit demselben Gut mehrmals hintereinander Versuche gemacht wurden, so ergab sich immer ein Steigen des Widerstandes, besonders bei Kohlenstaub. Die Erklärung fand sich darin, daß das Gut bei dem Durcheinanderwerfen sehr stark an Feuchtigkeitsgehalt verlor und dann eine höhere Reibungszahl hatte. Die Werte, die in Zahlentafel 3 gegeben sind, gelten für den trocknen Zustand. Bei Kohlenstaub ließ sich durch Zusatz von Wasser bis 5 vH des Gewichts eine Verminderung der Widerstandszahl um 15 vH herbeiführen. Für Feinkohle, die naß aus der Wäsche kommt, ist also ein entsprechend geringerer Betrag — ungefähr 0,62 — einzusetzen.

d) Bewegungswiderstand beim Transport mit Schnecken.

Es wurden nur an einer Schnecke von 250 mm Trog-Durchmesser und 200 mm Steigung Versuche gemacht, so daß die Ergebnisse, streng genommen, auch nur für diese Größe gültig sind. Indessen ist nach den Kratzerversuchen anzunehmen, daß bei anderen Abmessungen keine allzugroßen Unterschiede auftreten werden, wenn auch vielleicht kleine Schnecken etwas ungünstiger arbeiten mögen als große. Da die Schnecke infolge der starken, für die Erhaltung des Förderers sowohl wie auch für das Fördergut nachteiligen und außerdem einen ungewöhnlich hohen Kraftverbrauch herbeiführenden Reibung nur eine verhältnismäßig untergeordnete Rolle als Fördermittel spielt und für höhere Leistungen und besonders für große Entfernungen nicht in Betracht kommt, so wären umfangreichere Versuche kaum gerechtfertigt gewesen, um so mehr, als zu jedem Versuche vollständig neue Teile hätten verwandt werden müssen.

Der Wirkungsgrad der Schraube ist bekanntlich $\frac{\operatorname{tg} \alpha}{\operatorname{tg}(\alpha + \varrho)}$, wo α der Steigungswinkel und ϱ der Reibungswinkel ist. Wenn nun, wie von vornherein vielleicht erwartet werden könnte, der Widerstand, den das Gut dem Fortschieben entgegensetzt, die gleiche Größe hätte wie bei Kratzern, so ließe sich aus dem dort gefundenen Werte für die Widerstandszahl der entsprechende Wert für die Schnecke einfach durch Division durch den Wirkungsgrad finden, also, wenn die Widerstandszahl des Kratzers mit w_k bezeichnet wird:

$$w_s = w_k \frac{\operatorname{tg}(\alpha + \varrho)}{\operatorname{tg} \alpha}.$$

Beispielsweise findet sich für Kohlengrus, wenn $w_k = 0,7$, $\operatorname{tg}\varrho = 0,4$ und, der Ausführung entsprechend — der äußere Durchmesser der Schnecke betrug 240, die Steigung 200 mm — für den mittleren Arbeitshalbmesser $\operatorname{tg}\alpha = \frac{200}{3,14 \cdot 2 \cdot 240} = \mathrm{rd.}\ 0,4$ gesetzt wird, $w_s = 1,57$, während nach Zahlentafel 5 der Versuch 2,1 ergibt.

Diese beiden Ergebnisse weichen nicht so weit von einander ab, daß man nicht allenfalls noch an eine gesetzmäßige Abhängigkeit glauben könnte, indessen sind bei anderen Stoffen die Fehler bedeutend größer, und insbesondere zeigt sich, daß Kesselkohle und Koks, die beim Kratzer einen kleineren Widerstand hervorrufen als Kohlenstaub, bei der Schnecke höhere Werte aufweisen. Auf eine unmittelbare Ableitung muß also ganz verzichtet werden. Der schein-

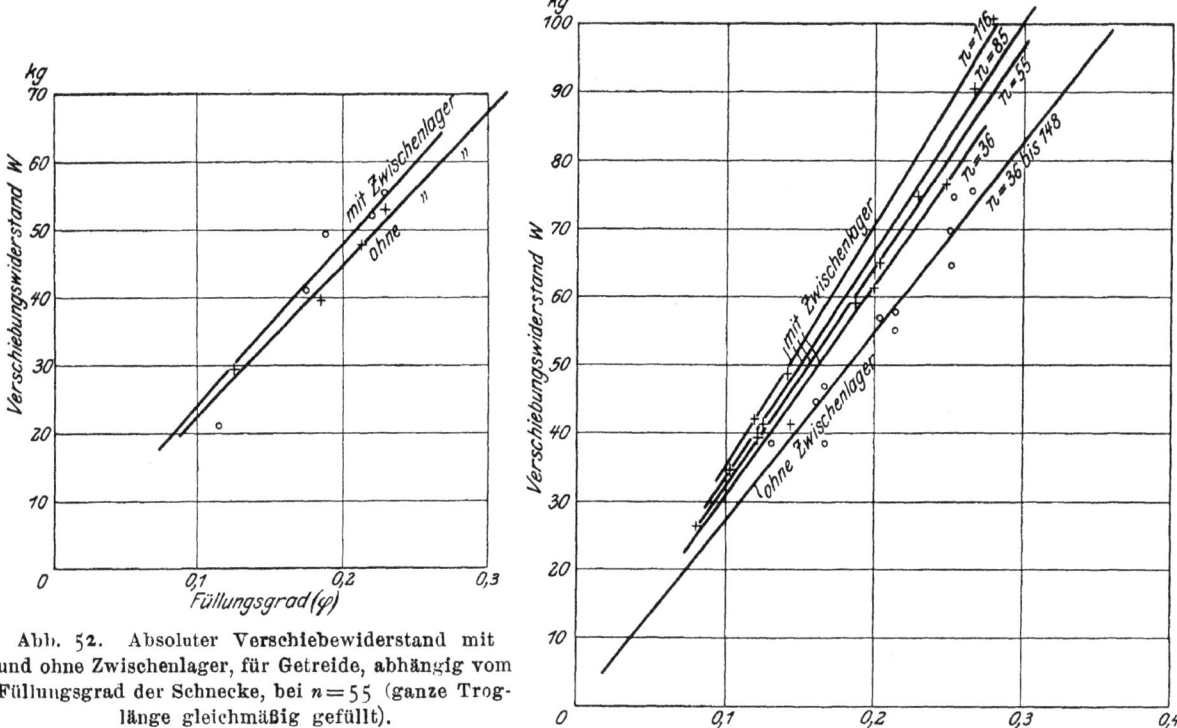

Abb. 52. Absoluter Verschiebewiderstand mit und ohne Zwischenlager, für Getreide, abhängig vom Füllungsgrad der Schnecke, bei $n = 55$ (ganze Troglänge gleichmäßig gefüllt).

Abb. 53. Absoluter Verschiebewiderstand mit und ohne Zwischenlager für Kohlengruß, abhängig vom Füllungsgrad der Schnecke, für verschiedene Umlaufzahlen (ganze Troglänge gleichmäßig gefüllt).

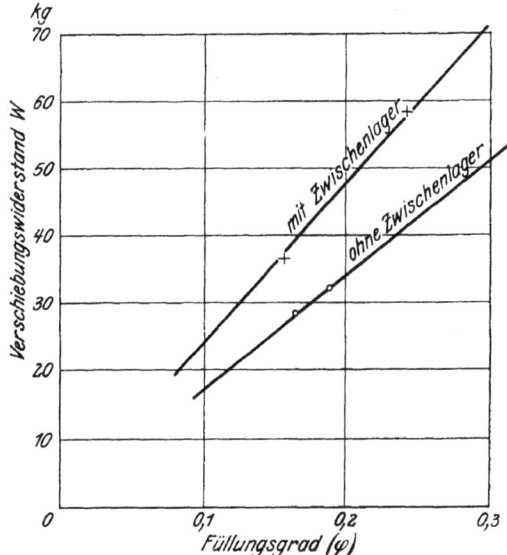

Abb. 54. Absoluter Verschiebewiderstand mit und ohne Zwischenlager, für Kesselkohle, abhängig vom Füllungsgrad der Schnecke, für $n = 55$ (ganze Troglänge gleichmäßig gefüllt).

Abb. 55. Absoluter Verschiebewiderstand mit und ohne Zwischenlager, für Koks, abhängig vom Füllungsgrad der Schnecke, für $n = 55$ (ganze Troglänge gleichmäßig gefüllt).

bare Widerspruch dürfte sich in der Weise aufklären, daß bei der Schnecke nicht mehr die Reibungszahl, sondern in allererster Linie die Härte des Fördergutes maßgebend ist. Während die Kratzerschaufel die Stücke, die nicht durch den Spielraum zwischen Schaufel und Trog hindurchgehen, vor sich herschiebt und ihnen, falls einmal ein Klemmen eintreten sollte, etwas ausweichen kann, zieht der Schneckengang, der besonders am äußersten Umfange ausgeprägte Selbstsperrung besitzt, die Stücke gewaltsam in den Spielraum hinein und drückt sie, da er vollkommen starr ist, entzwei. Tatsächlich wird ja auch die Schnecke für zerbrechliches Gut nur bei den allergeringsten Längen angewandt, weil sie das Gut vollständig zermahlt.

In den Diagrammen, Abb. 52 bis 55, sind die bei den Versuchen gefundenen absoluten Werte für den Verschiebewiderstand in Abhängigkeit von dem Füllungsgrad aufgetragen, der das Verhältnis des wirklich ausgefüllten Querschnittsteiles des Schneckentroges zu dem vollen Querschnitt kennzeichnet und sich berechnet aus der Formel[1]):

$$\varphi = \frac{V}{60 \frac{\pi}{4} D^2 s n},$$

wo V die wirklich geförderte Menge, D den Schneckendurchmesser, s die Steigung und n die Umlaufzahl in der Minute bedeutet. Aus den absoluten Widerstandswerten W berechnet sich der spezifische Verschiebewiderstand w durch Teilung durch den jeweiligen Inhalt der Schnecke in kg:

$$w = \frac{W}{\varphi \frac{\pi}{4} D^2 L}.$$

Da alle Linien für W Geraden sind, die auf den Nullpunkt zulaufen, so ergibt sich w als eine vom Füllungsgrad unabhängige Konstante, deren Wert für die einzelnen untersuchten Stoffe in Zahlentafel 4 eingetragen ist. Auch die Umlaufzahl ist ohne Einfluß auf den Verschiebewiderstand, wie es nach den Kratzerversuchen zu erwarten war.

Zahlentafel 4.

Verschiebe- und Lagerdurchgangswiderstände für eine Schnecke von 240 mm Dmr. und 200 mm Steigung.

Fördergut	spezifisches Gewicht γ	spezifischer Verschiebewiderstand ω	Lagerdurchgangsarbeit in PS für eine Leistung von 1 t/st	
			bei $n = 55$	bei $n = 100$
Getreide	0,73	1,85	0,0019	—
Kohlenstaub	0,78	2,1	0,0050	0,0041
Kesselkohle	0,66	2,2	0,0072	—
Koks	0,34	3,0	0,0163	—

Zu dem Verschiebewiderstand kommt noch der Widerstand hinzu, den das Durchpressen des Gutes durch ein Zwischenlager verursacht; da hier die Schneckengänge unterbrochen sind, so treten unkontrollierbare Stauungen im Gut auf, die bekanntlich bei großstückigem Gut und nicht genügend groß bemessener Schnecke leicht zu Verstopfungen und Brüchen führen. Die Größe des Widerstandes wird natürlich von der Breite des freien Zwischenraumes ab-

---

[1]) Vergl. des Verfassers »Förderung von Massengütern«, Bd. I, 2. Aufl., S. 214.

hängig sein, und daher sind die gefundenen Werte nicht für alle Verhältnisse maßgebend, indessen dürften bei kräftig ausgeführten gewöhnlichen Schnecken die Verhältnisse wohl nicht anders liegen als bei der zu den Versuchen benutzten Stotzschen Ausführung.

Nach den Versuchen ist der Lagerdurchgangswiderstand zwar proportional dem Füllungsgrad, dagegen läuft die Widerstandslinie, in Abhängigkeit von der Umlaufzahl gezeichnet, nicht durch den Nullpunkt, wie Abb. 56 erkennen läßt. Daher ist der spezifische Wert für jede Umlaufzahl verschieden, und die in der

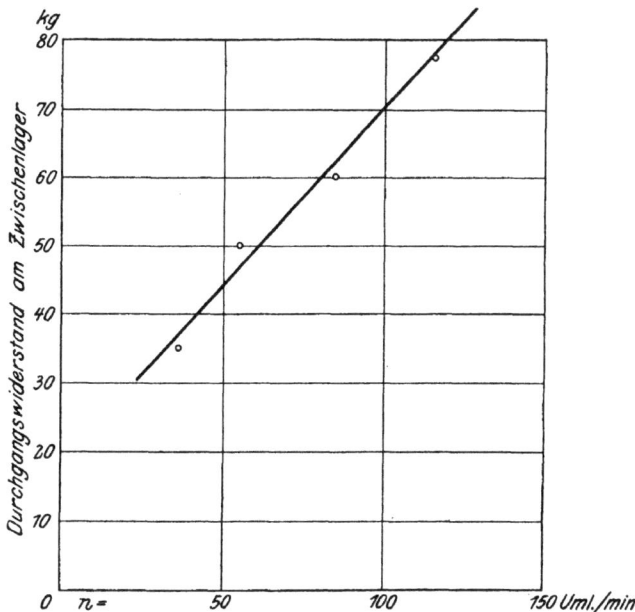

Abb. 56. Durchgangswiderstand für Kohlenstaub an einem Zwischenlager, abhängig von der Umlaufzahl der Schneckenwelle (gezeichnet für den Füllungsgrad $\varphi = 1$).

Zahlentafel 4 eingetragenen Angaben für die bei einer Stundenleistung von 1 t zur Ueberwindung des Durchgangswiderstandes erforderliche Arbeitsleistung gelten nur für $n = 55$. Für Steinkohlenstaub, mit dem ausführlichere Versuche angestellt wurden, ist auch der Wert bei $n = 100$ hinzugefügt. Es genügt für praktische Zwecke vollständig, bei anderen Umlaufzahlen und anderen Stoffen den Wert schätzungsweise anzunehmen, und zwar für hohe Umlaufzahlen etwas niedriger, für geringere höher. Diese Annäherungsrechnung ist um so mehr berechtigt, als die Werte für den Durchgangswiderstand nur als verhältnismäßig kleine Differenzwerte zwischen den Gesamtwiderstandszahlen ermittelt werden konnten und daher keinen Anspruch auf allzu große Genauigkeit erheben dürfen, wenn sie auch einigermaßen befriedigende Uebereinstimmung zeigen.

Die zur Ueberwindung des Durchgangswiderstandes aufgewendete spezifische Leistung berechnet sich aus dem absoluten Widerstand als:

$$N_s = \frac{\text{Arbeitsleistung (PS)}}{\text{Förderleistung (t/st)}} = \frac{\frac{W s n}{60 \cdot 75}}{60 \, \varphi \, \frac{\pi}{4} D^2 s n \gamma} = \frac{W}{270\,000 \, \varphi \, \frac{\pi}{4} D^2 \gamma}.$$

Der Durchmesser D ist in m einzusetzen.

Bei Kraftverbrauchsberechnungen ist noch die Reibung an dem Spurlager und an den Halslagern zu berücksichtigen. In Abschnitt 6 ist Näheres hierüber gesagt.

e) Die Schöpfarbeit bei Becherwerken.

Unter Schöpfarbeit wird die gesamte Arbeit verstanden, die erforderlich ist, um ein Fördergefäß (Becher) mit Fördergut zu füllen. Die spezifische Schöpfarbeit ist bezogen auf 1 kg gefördertes Gut.

Der an sich verwickelte Vorgang läßt sich, wie an Hand von Abb. 10 und 11 zu erkennen ist (vergl. auch die Bemerkungen zu Abschnitt 4e), in 4 einfachere Einzelvorgänge zerlegen:

1) Eindringen der Becherkante in das Gut.

2) Einlaufen des Gutes in den Becher, verbunden mit Verdichtung und Beschleunigung des Fördergutes.

3) Verschiebung und Verdichtung des vor dem Becher aufgehäuften Gutes im Trog.

4) Fortschleudern des zu viel aufgenommenen Gutes, Abtrennen einer Einzelfüllung und deren Verschiebung gegenüber dem zurückbleibenden Troginhalt.

Diese Einzelvorgänge folgen einander zeitlich so, wie sie hier aufgeführt sind, zeigen sich aber keineswegs scharf gegeneinander abgegrenzt, sondern greifen teilweise ineinander über.

1) Ein Eindringen der Becherkante in das Gut findet nur dann statt, wenn die Kante während des ganzen Eindringens allseitig vom Gut umflossen bleibt. Das tritt ein, wenn aus dem Vollen geschöpft wird oder wenn der Abstand zwischen Becherkante und Trogwand beträchtlich größer als die Kornstärke ist.

Ist der genannte Abstand geringer als die Kornstärke, so kann von einem Eindringen nicht mehr die Rede sein. Das gesamte Fördergut wird vielmehr vor dem Becher hergeschoben, und zwischen Becheraußenseite und Trogwand ist freier Raum. Findet ein Eindringen statt, so wächst der Widerstand stark mit der Korngröße des Gutes. Er ist um so größer, je dicker die Kante ist, und hält an, bis sich der Becher mit Gut gefüllt hat.

2) Das Einlaufen des Gutes in den Becher. Dieses Einlaufen wird verursacht durch die Relativbewegung zwischen Becher und Fördergut; dabei tritt einerseits ein Stoßverlust auf, andererseits ist Arbeit aufzuwenden für die Beschleunigung der Masse des Fördergutes. Ueber die Größe des Stoßverlustes gibt die allgemeine Formel Aufschluß:

$$\frac{Q_1 Q_2 (v_1 - v_2)^2}{(Q_1 + Q_2) \, 2 \, g}.$$

Diese Formel gilt für zentralen, unelastischen Stoß und ist für die vorliegenden Verhältnisse, wenn auch nicht genau, so doch mit ausreichender Annäherung richtig. In der Formel ist Q_1 das Gewicht der in Bewegung befindlichen Massen, wie Becher, Kette usw., und Q_2 das Gewicht der in Ruhe befindlichen Massen, von dem angenommen sei, daß es das 1,5fache des zum Schluß geförderten Becherinhaltes Q_2' betrage. Mit v_1 und v_2 sind die entsprechenden Geschwindigkeiten bezeichnet.

Auf 1 kg gefördertes Gut bezogen ergibt sich dann der Stoßverlust in mkg zu:

$$\frac{Q_1 \, 1{,}5 \, Q_2' \, v^2}{(Q_1 + Q_2) \, 2 \, g \, Q_2'} = \frac{1{,}5 \, Q_1 \, v^2}{2 \, g \, (Q_1 + Q_2)}.$$

Nach dieser Formel ist für die der Abb. 63 zugrunde liegenden Verhältnisse der Stoßverlust berechnet. Angenommen wurde hierbei:

$$Q_1 = 80 \text{ kg}, \quad Q_2' = 7 \text{ kg}, \quad Q_2 = 1{,}5 \text{ kg}, \quad Q_2' = 10{,}5 \text{ kg}.$$

Hieraus folgt:

$$\text{Stoßverlust} = \frac{80 \cdot 1{,}5\, v^2}{(80 + 10{,}5)\,2g} = 0{,}067\, v^2.$$

Die aufzuwendende Beschleunigungsarbeit beträgt:

$$A = \tfrac{1}{2} M v^2.$$

Hierin ist, wie oben, M mit dem 1,5 fachen der schließlich geförderten Menge eingesetzt. Die reduzierte Beschleunigungsarbeit wird demnach

$$A_{\text{red.}} = \tfrac{1}{2} \cdot \frac{1{,}5\, Q_2\, v^2}{g\, Q_2} = \frac{1{,}5\, v^2}{2g} = 0{,}075\, v^2 \text{ (mkg)}.$$

Die Summe dieser beiden Werte, die einander wegen des im Verhältnis zu Q_1 sehr geringen Wertes von Q_2 annähernd gleich sind, ist in Abb. 63 als Kurve, abhängig von der Umfangsgeschwindigkeit, eingetragen. Es zeigt sich, daß sie nur einen verhältnismäßig geringen Beitrag zu der gesamten Schöpfarbeit liefern.

3) Die Verschiebung des vor dem Becher angehäuften Gutes ist im wesentlichen ein Reibungsvorgang. Es sind hier wieder die zwei Fälle zu unterscheiden: daß die Bewegung längs einer Trogwand oder mitten im umfließenden Gut vor sich geht. Im zweiten Falle ist der Betrag natürlich größer, da Stoff sich an Stoff reibt und unter Umständen, bei stückigem Gut, sehr erhebliche Widerstände in Frage kommen, auch eine Zerstörung des Gutes damit verbunden zu sein pflegt. Die Reibung an der verhältnismäßig glatten Trogwand ist demgegenüber ziemlich gering.

Da der Widerstand außerdem von der Kraft abhängig ist, mit welcher der in Bewegung befindliche Haufen an die Reibfläche gedrückt wird, so spielen auch die Bauart des Einlaufes und die Menge des darin befindlichen Gutes, das einer Verschiebung und Verdichtung unterliegt, daneben in geringerem Maße die Fliehkraft eine Rolle.

4) Das Abgrenzen einer Einzelfüllung und das Herausheben des Fördergutes aus den zurückbleibenden Massen ist mit Stoffverlusten infolge Abrutschens und Abschleuderns eines Teiles des Fördergutes verknüpft.

Mit dieser Phase ist der Schöpfprozeß beendet; weiterhin tritt nur noch Hubarbeit auf.

Die aufgenommenen Diagramme (vergl. die Beispiele in Abschnitt 4e sowie Abb. 57) geben diese während eines Spieles stark wechselnden Schöpfwiderstände in kg. Sie sind in Abhängigkeit vom Weg aufgezeichnet, ihre Fläche

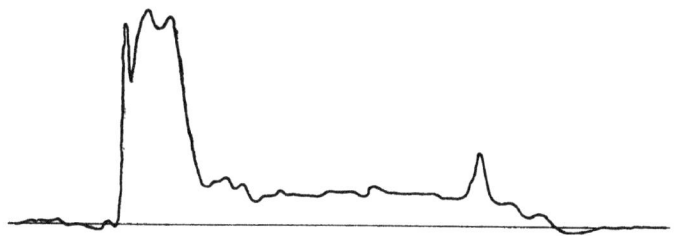

Abb. 57. Schöpfversuchsdiagramm (Schöpfwiderstand abhängig vom Weg).

stellt also eine Arbeit dar. Sie enthalten aber auch die geleistete Hubarbeit, zum Teil daneben die Kettenbiegungsarbeit und andere Reibungsarbeiten. Diese Nebenerscheinungen mußten nun teils rechnerisch, teils durch Vorversuche ermittelt und in Abzug gebracht werden.

Versuche wurden angestellt mit Schwergetreide,

Kohle von 0,6 bis 0,8   2,5 bis 4   und 4 bis 6 cm Kantenlänge,
bezeichnet als Schmiedekohle Kesselkohle Würfelkohle
Koks von 6 bis 8 cm Kantenlänge.

Für diese Stoffe wurde die spezifische Schöpfarbeit ermittelt
a) abhängig von dem Grade der Becherfüllung,
b) abhängig von der Umlaufgeschwindigkeit,
c) abhängig von dem Becherabstand.

An konstruktiven Ausführungsformen wurden verglichen:

I. die Befestigungsarten der Becher:
   a) Befestigung an der Becherrückwand,
   b) Befestigung in der Schwerebene.
II. die verschiedenen Becherformen:
   a) Schöpfwinkel und Tiefe,
   b) Dicke der Becherkante,
   c) Breite des Bechers.
III. die verschiedenen Formen des Schöpftroges:
   a) Seitenspiel,
   b) Bodenspiel,
   c) Einlaufwinkel.

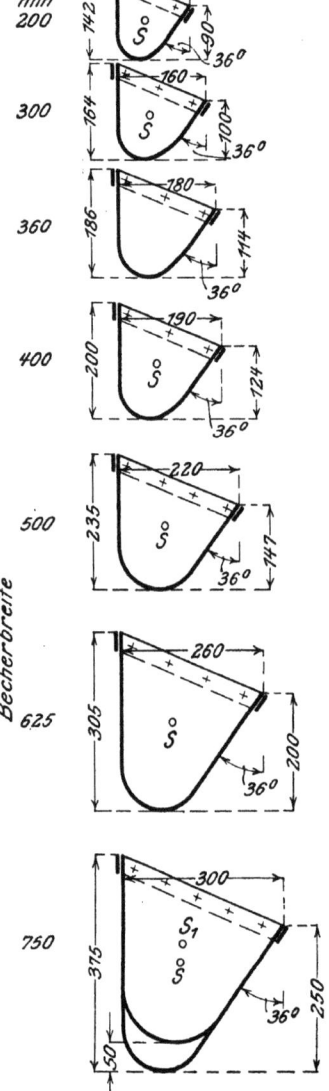

Die Querschnittsformen der bei den Versuchen verwendeten Becher sind in Abb. 58 wiedergegeben; die Zahlentafel 5 enthält weitere Angaben über die Dimensionen. Die bei den Kurven angegebenen Bezeichnungen sind so zu verstehen, wie an dem folgenden Beispiel erläutert:

Abb. 58. Querschnittsformen der Versuchsbecher.

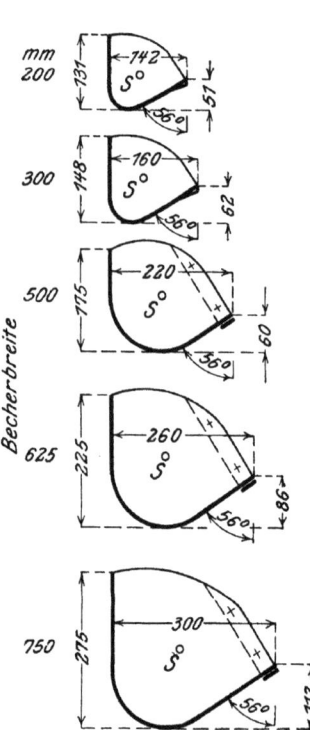

300	36°	2	1
Becherbreite	Schöpfwinkel	mit Verstärkung	ohne Verstärkung
		der Schöpfkante	

12	8	12
Seitenspiel	Bodenspiel	Seitenspiel

oder beim Schöpfen aus dem Vollen:

12	120/60	12
Seitenspiel	Bodenspiel	Seitenspiel
	unten und oben	

Die Abb. 59 bis 62 enthalten die Schöpfarbeiten bei veränderlicher Becherfüllung. Diese Versuche wurden ausgeführt am Schöpfrad, Abb. 9; durch den Schieber, der den Einschütttrichter vom Trog trennt, ließ sich der Zufluß des Fördergutes und damit die Becherfüllung regeln.

Die Diagramme zeigen bei steigender Becherfüllung nur eine ziemlich geringe Zunahme der spezifischen Schöpfarbeit. Erst wenn die Füllungen

Zahlentafel 5.
Zusammenstellung der Versuchsbecher.

Breite . . . . mm		200	300	360	400	500	625	750	750a
Schöpfwinkel 36°									
Ausladung . . . . . mm	a	135	160	180	190	220	260	300	300
Höhe der Schöpfkante über dem tiefsten Punkt . .	h	90	100	114	124	147	200	250	200
Inhalt . . . . ltr	V	2,32	4,65	6,76	9,09	16,00	30,20	51,20	41,75
Leergewicht . . . . . kg	G	1,01	1,65	3,43	2,86	9,77	14,32	19,29	23,60
Schwerpunktabstand von der Becherrückwand . . . mm	s	53	60	67	72	84	97	110	115
Schöpfwinkel 56°									
Ausladung . . . . . mm	a	142	160	—	—	220	260	300	—
Höhe der Schöpfkante über dem tiefsten Punkt . .	h	51	62	—	—	60	86	112	—
Inhalt . . . . ltr	V	2,61	4,86	—	—	14,50	27,25	45,40	—
Leergewicht . . . . . kg	G	0,78	1,27	—	—	7,48	10,70	15,06	—
Schwerpunktabstand von der Becherrückwand . . . mm	s	58	65	—	—	94	108	122	—

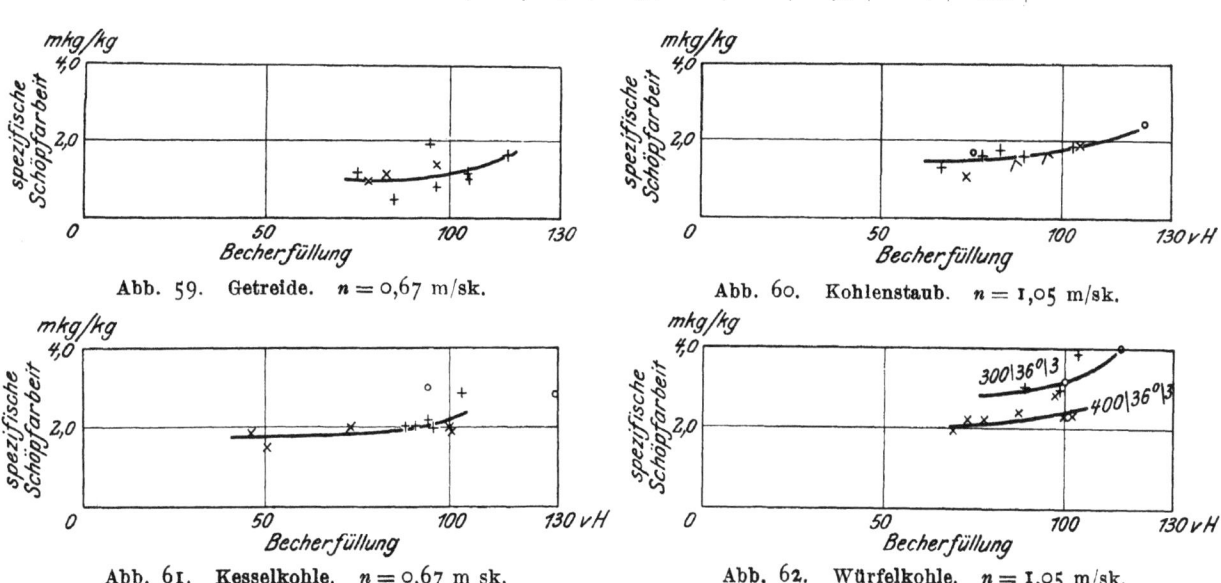

Abb. 59. Getreide. $n = 0{,}67$ m/sk.

Abb. 60. Kohlenstaub. $n = 1{,}05$ m/sk.

Abb. 61. Kesselkohle. $n = 0{,}67$ m/sk.

Abb. 62. Würfelkohle. $n = 1{,}05$ m/sk.

über 100 vH anwachsen, tritt eine erhebliche Vergrößerung ein, die wohl hauptsächlich auf Schleuderverluste und Abrutschen des schon gefaßten Gutes zurückzuführen ist. Man kann also annehmen, daß die spezifische Schöpfarbeit nahezu stets gleich ist, solange sich die Becherfüllung in normalen Grenzen hält.

In der zweiten Reihe von Versuchen wurde die Schöpfarbeit in Abhängigkeit gebracht von der Ketten- oder Umfangsgeschwindigkeit. Die Kurven, Abb. 63 bis 67, weisen fast durchweg einen Mindestwert bei einer Geschwindigkeit von etwa 0,7 m/sk auf.

Daß die Werte bei kleinen Geschwindigkeiten höher sind, ist auf die Annäherung an die Reibungsverhältnisse im Zustande der Ruhe zurückzuführen.

Das Anwachsen mit steigender Geschwindigkeit jenseits des Mindestwertes wird durch drei Umstände verursacht:

Abb. 63 bis 67. Abhängigkeit der spezifischen Schöpfarbeit von der Geschwindigkeit. Die Kurven gelten für Becher mit Rückenbefestigung.

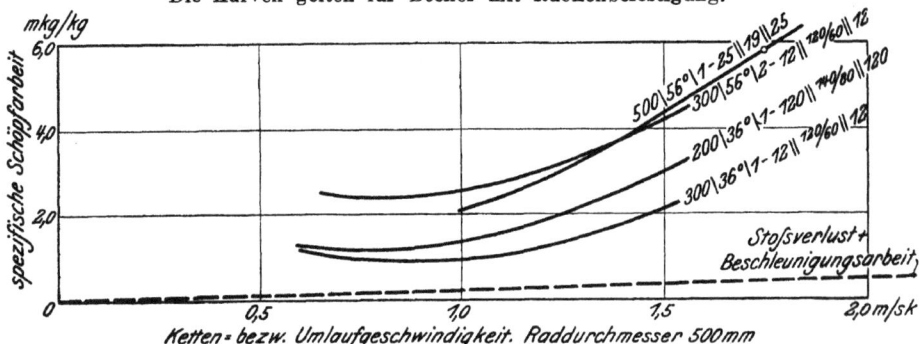

Abb. 63. Getreide.

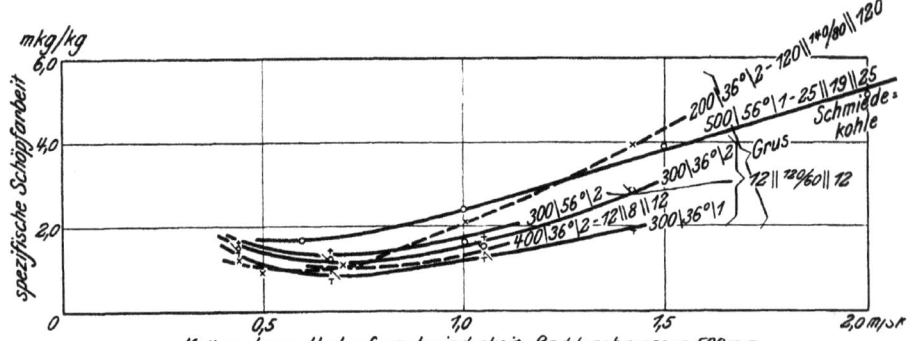

Abb. 64. Schmiedekohle bezw. Kohlengrus.

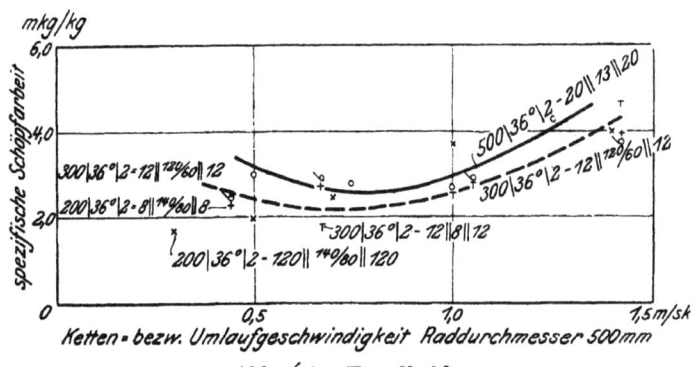

Abb. 65. Kesselkohle.

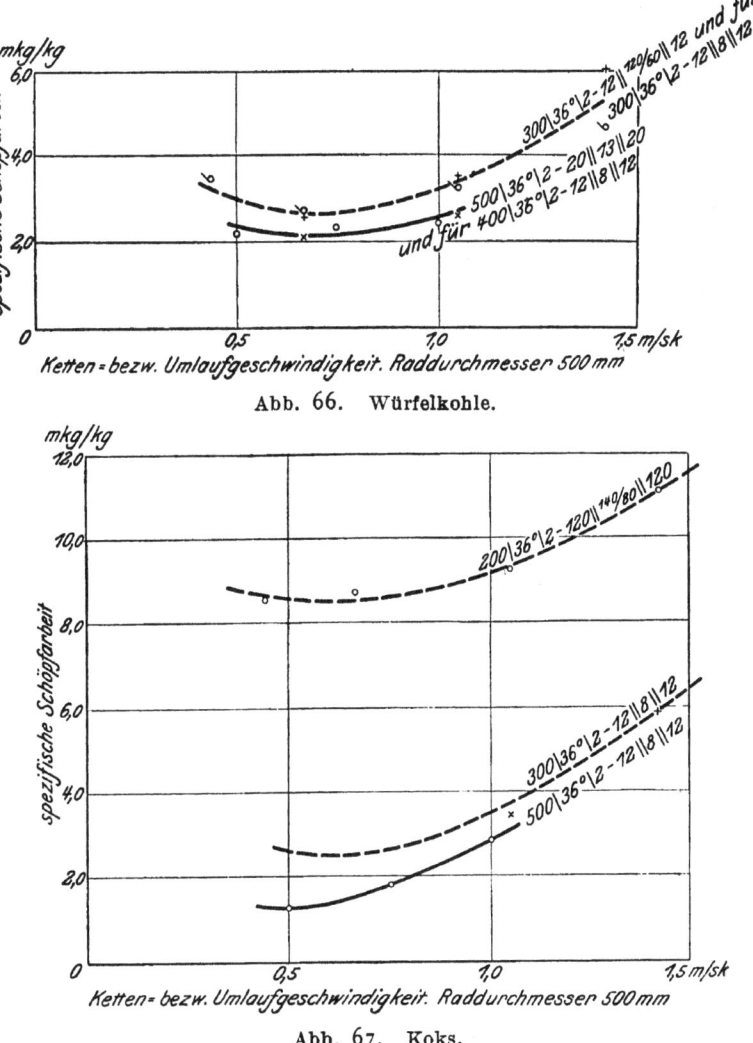

Abb. 66. Würfelkohle.

Abb. 67. Koks.

Erstens wird — wie schon weiter oben erwähnt — mit steigender Geschwindigkeit dem Fördergut eine erhöhte Fliehkraft erteilt, das Fördergut stärker an die Reibfläche angepreßt und die Reibungsarbeit erhöht.

Zweitens tritt mit wachsender Geschwindigkeit stärkeres Schleudern des Gutes auf, so daß die Schöpfarbeit für eine größere Menge geleistet werden muß, als dem Ergebnis der Förderung entspricht.

Drittens nehmen die Stoßverluste und die Beschleunigungsarbeit mit dem Quadrate der Geschwindigkeit zu.

Die Schaulinien in Abb. 68 stellen die spezifische Schöpfarbeit in Abhängigkeit von der Becherteilung bezw., da die Geschwindigkeit überall die gleiche ist, abhängig von der zeitlichen Becherfolge dar.

Alle Kurven zeigen ein mehr oder weniger starkes Anwachsen der Schöpfarbeit mit zunehmender Becherteilung, laufen aber später in einen angenähert wagerechten Ast aus. Je dichter die Becher also stehen, desto kleiner ist diese Arbeit. Das erklärt sich folgendermaßen:

Wenn der Becher geschöpft hat, läßt er im Fördergut eine Höhlung zurück. Kommt nun sehr bald darauf ein neuer Becher, so bewegt sich dieser in den von seinem Vorgänger geschaffenen Hohlraum hinein, und erst allmählich kommt er in den Bereich des sich ihm entgegenbewegenden Gutes. Die Arbeit, um bis hierher in das Gut einzudringen bezw. es vor sich herzuschieben, ist also gespart.

Bei größerer Becherteilung hat das Gut dagegen Zeit, nachzurutschen und den Hohlraum wieder auszufüllen, so daß der Becher auf eine größere Masse trifft. Außerdem stellt sich der Zustand der Ruhe her, und die Verschiebung muß daher genau ebenso, wie bei geringer Geschwindigkeit, einem größeren Widerstand begegnen.

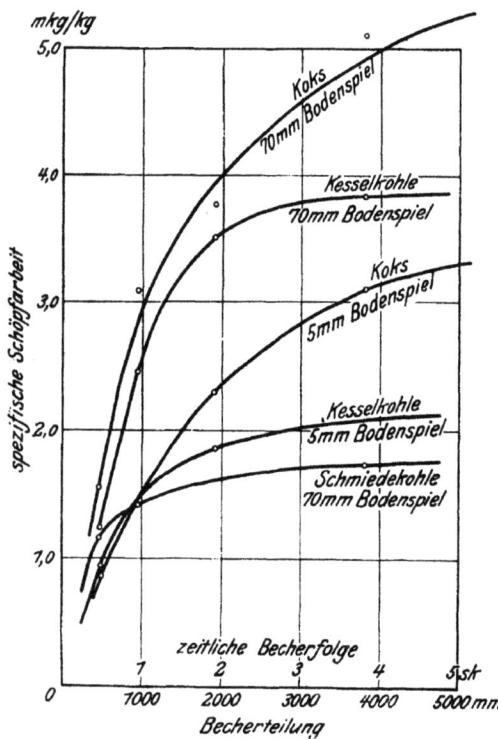

Abb. 68. Abhängigkeit der spezifischen Schöpfarbeit von der Becherteilung bei $v = 1$ m/sk. Becher 360 mm breit, Anordnung nach Abb. 18.

Der wagerechte Verlauf, der bei jeder Kurve früher oder später zu bemerken ist, findet folgende Erklärung:

Nachdem vom ersten Becher der Hohlraum geschaffen ist, wird das Gut wieder zusammenrutschen, und zwar, wenn das System in Ruhe wäre, bis zum Böschungswinkel, tatsächlich jedoch infolge der Erschütterungen noch weiter. Für jedes Gut ist indessen hierzu eine gewisse Mindestzeit erforderlich. Ist der zeitliche Becherabstand gleich oder größer, wie diese Zeit, so tritt keine weitere Vergrößerung der Schöpfarbeit mehr auf: der wagerechte Teil der Kurve ist erreicht.

Aus den Kurven geht weiter hervor, daß grobkörniges Gut, wie Koks, einen späteren Eintritt des Beharrungszustandes zeigt als feinkörniges.

Einfluß der Art der Befestigung des Bechers an der Kette.

In Abb. 69 sind zwei Diagramme übereinander gezeichnet, von denen die Kurve a den Kraftverbrauch für Rückenbefestigung, Kurve b den für Schwerpunktbefestigung zeigt.

Bei Kurve a betrug der Becherinhalt 16,7 kg, bei Kurve b 18,1 kg. Man sieht, daß die eigentliche Schöpfarbeit erhebliche Unterschiede aufweist, während

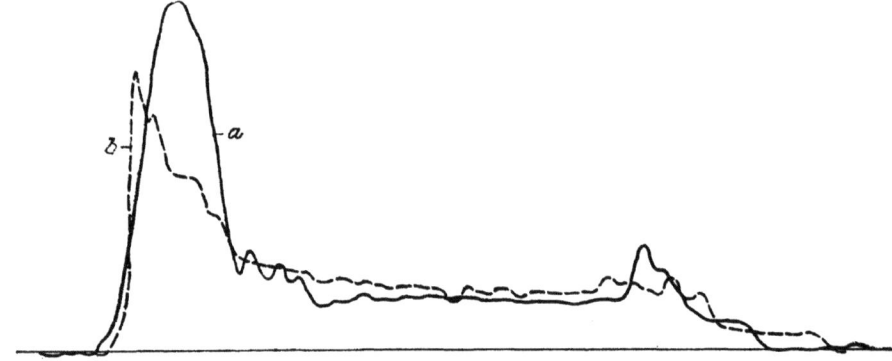

Abb. 69. Vergleich zwischen den Schöpfarbeiten mit einem Becher mit Rückenbefestigung (a) und mit Seiten- (Schwerpunkt-) befestigung (b). Fördergut Getreide, $v = 1,0$ m/sk, Bechereinlaufwinkel $= 56^0$, Becherinhalt für a 16,7 kg, für b 18,1 kg.

die die Hubarbeit darstellenden, wagerecht verlaufenden Teile selbstverständlich nur eine dem Unterschied des Becherinhaltes entsprechend verschiedene Lage zeigen. Die Kurven beweisen sehr deutlich, wie viel günstiger die Schwerpunktbefestigung ist. Die Kurve steigt allerdings steiler an, sinkt dafür aber auch sehr rasch wieder, während bei Rückenbefestigung der Becher eine gewisse Nachgiebigkeit besitzt, die zur Folge hat, daß der Höchstwert nicht so schnell erreicht wird, die jedoch andererseits zu einer weniger glatten Erledigung des Schöpfvorganges führt.

Bemerkenswert ist noch die ausgeprägte Spitze im letzten Drittel der Kurve. Sie findet sich nur in der Kurve für Rückenbefestigung und ist daraus zu erklären, daß sich der Becher beim Heben etwas schief stellt, wodurch ein Knick in der Kette entsteht, der beim Auflaufen auf die obere Rolle plötzlich ausgerichtet werden muß. Bei Schwerpunktbefestigung dagegen geht das Becherkettenglied glatt auf die Rolle über.

Weiteres hierüber findet sich in Teil 6: Zusatzwiderstände.

Einfluß der Becherformen.

Es wurden Becher verwendet mit Schöpfwinkeln von 36^0 und 56^0. Bei den Bechern mit 56^0 trifft das zu schöpfende Gut, dessen Relativbewegung zum Becher etwa parallel zur Becherrückwand verläuft, unter viel steilerem Winkel auf die Schöpfkante auf, als bei den 36^0-Bechern, und es wird daher zunächst der reine Stoßverlust höher sein, sodann aber auch das Eindringen des Bechers größeren Widerständen begegnen. Dies wird durch die Kurven für die Becher 300, 56^0, 2 und 300, 36^0, 2 in Abb. 64 bestätigt, die unter sonst gleichen Verhältnissen aufgenommen sind. Die Kurve mit dem Schöpfwinkel von 56^0 liegt erheblich höher als die andere.

Zur Prüfung des Einflusses der Schöpfkantendicke wurde eine abnehmbare Flacheisenversteifung hergestellt. Aus den Kurven in Abb. 64 für die Becher 300, 36^0, 1 (ohne Versteifung) und 300, 36^0, 2 (mit Versteifung) ist zu erkennen, daß, wie zu erwarten war, für die schärfere Kante die Schöpfarbeit kleiner ist. In welchem Maße die beiden besprochenen Konstruktionsabänderungen (Winkel und Kante) zusammen die Schöpfarbeit beeinflussen, geht besonders deutlich aus Abb. 63, Kurve 300, 36^0, 1 und 300, 56^0, 2 hervor.

Die Breite der Becher hat keinen nachweisbaren Einfluß auf die spezifische Schöpfarbeit. Zuverlässige Vergleiche ließen sich nicht anstellen und sind auch kaum von besonderem Wert, weil bei Veränderung der Abmessungen der Becher sich stets auch das Bodenspiel ändert und somit der Einfluß der Becherbreite verwischt wird.

Einfluß der Abmessungen und der Form des Schöpftroges.

Ebenso wie die Becherbreite spielt der seitliche Zwischenraum zwischen Becher und Trog eine unbedeutende Rolle.

Dagegen hat das Bodenspiel einen erheblichen Einfluß auf die Größe der Schöpfarbeit, wie vor allem aus Abb. 68 deutlich hervorgeht. Es sind Kurven für Becher mit 70 mm Bodenspiel solchen mit nur 5 mm Bodenspiel gegenübergestellt, und zwar je 2 Kurven für Koks und für Kesselkohle. Bei 70 mm Bodenspiel liegt die Schöpfarbeit bedeutend höher. Der Grund hierfür ist schon in den allgemeinen Erörterungen kurz erwähnt. Bei geringem Bodenspiel nämlich kann das bewegte Fördergut an der glatten Holzwand oder Metallverkleidung entlang gleiten, bei viel Spiel dagegen verschiebt sich Stoff an Stoff, wobei sehr große Reibung auftritt.

In welcher Weise die Einlaufverhältnisse geändert wurden, geht aus Abb. 9, 13 und 18 hervor. Bei der Ausführung nach Abb. 9 rutscht das Fördergut dem tiefsten Punkt des Troges auf einer unter 45° geneigten Fläche zu, während bei Abb. 13 und 18 das Bodenblech der Bahn der Becherkante entsprechend kreisförmig gekrümmt ist und der Boden des Einlaufes ungefähr in der Höhe der Achsmitte in den eigentlichen Trog mündet.

Einen Vergleich der Schöpfwiderstände lassen die Zahlen in Zahlentafel 6 zu, die unter sonst gleichen Verhältnissen ermittelt wurden. Abgesehen von kleiner Kohle von 6 bis 8 mm Seitenlänge weisen alle Stoffe in dem Falle, wo der Boden des Schöpftroges der Bahn der Fördergefäße nicht angeschmiegt ist,

Zahlentafel 6.

Zusammenstellung der spezifischen Schöpfarbeit für Becher von 750 mm Breite. Spielräume 40 ‖ 20 ‖ 40 mm. Rückenbefestigung.

	Becher mit Schöpfwinkel 36°					Becher mit Schöpfwinkel 56°				
	Getreide	Steinkohle			Koks	Getreide	Steinkohle			Koks
		6—8 mm^3	2,5—4 cm^3	4—6 cm^3	6—8 cm^3		6—8 mm^3	2,5—4 cm^3	4—6 cm^3	6—8 cm^3
kreisförmige Ausbildung der Trogwand auf der ganzen Einlaufseite, vergl. Abb. 13										
Füllung . . . . . vH	55	59	59	70	55	43	58	49	58	42
spezif. Schöpfarbeit .	1,09	1,36	2,30	2,22	1,89	1,49	1,40	2,36	2,51	3,05
Einlauf unter 45° nach dem tiefsten Punkt des Troges, vergl. Abb. 9										
Füllung . . . . . vH	—	53	—	44	88	—	44	39	19	—
spezif. Schöpfarbeit .	—	0,99	—	3,41	5,80	—	3,22	5,39	9,02	—

größere Schöpfarbeiten auf. Dies ist leicht zu erklären. Schöpft der Becher aus einem Trog, der eine kreisförmige Wand hat, Abb. 13 und 18, so findet er soviel Gut vor, wie etwa einer Becherfüllung entspricht. Liegt nun ein Stoff vor, dessen Korn größer ist als der Spielraum zwischen Becherkante und Trogwand, so faßt der Becher die gesamte Masse und schiebt sie an der glatten Wand vor sich her. Stauen und Klemmen des Gutes wird nur in geringem Maße eintreten, und man hat es im wesentlichen mit einem einfachen Reibungsvorgang zu tun. Ist dagegen der Einlauf unter 45° nahezu auf den tiefsten Punkt der Becherbahn gerichtet, so befindet sich im Trog eine weitaus größere Menge, als einer Becherfüllung entspricht, so daß der Becher anfangs mehr Gut in Bewegung zu setzen hat und dieses außerdem an dem liegenbleibenden bezw. von oben nachdrängenden Fördergut entlang quetschen muß.

Kleinkohle zeigt deshalb umgekehrtes Verhalten, weil der Becher beim Schöpfen einen Becherinhalt ziemlich glatt herausschneidet, ohne daß besondere Arbeit zum Zerkleinern von Gut aufgewendet werden muß. Die zu Anfang dieses Abschnittes mit 3 und 4 bezeichneten Vorgänge, das Verschieben und Verdichten des Stoffes im Troge und das Abtrennen, erfordern demnach gar keinen oder nur einen sehr geringen Arbeitsaufwand. Daß die Schöpfarbeit sogar geringer wird, ist daraus zu erklären, daß bei dem geringen Spielraum von 20 mm gerade Kohlenstücke von 6 bis 8 mm Größe auf dem ganzen Wege Klemmungen und Quetschungen hervorrufen können. Es empfiehlt sich also, den Spielraum entweder mindestens 3- bis 4 mal so groß zu machen, wie die Kantenlänge der Stücke, oder aber so klein, daß wenigstens der größere Teil der Stücke sich nicht mehr in dem Spielraum festklemmen kann, sondern fortgeschoben wird und dabei auch das etwa vorhandene kleinere Gut mitnimmt.

6) Zusatzwiderstände.

Zu den Hauptwiderständen, die in Kapitel 5 eingehend behandelt sind, treten bei den meisten Förderern noch Nebenwiderstände hinzu, die bei den Versuchen nach Möglichkeit ausgeschaltet oder aber klein gehalten und dann genau bestimmt und abgezogen wurden, so daß die in den Kurven und Zahlentafeln niedergelegten Werte die reinen Biegewiderstände, Schöpfarbeiten usw. darstellen. Solche Nebenwiderstände sind in erster Linie Halslager- und Spurzapfen-Reibung sowie die gleitende und rollende Reibung der Tragelemente.

Bei den Versuchen wurden die Zapfenreibungen — es handelte sich durchweg um Kugellager — durch Leerlaufsversuche ermittelt. Die Reibungszahlen sind bei Ausführungen nach den bekannten Angaben anzunehmen, und zwar im einzelnen Falle unter Berücksichtigung der Verschmutzung, der das Lager ausgesetzt ist, und der ihm zuteil werdenden Wartung. Geringe Fehlgriffe bei der Annahme dieser Zahlen werden im allgemeinen keinen erheblichen Einfluß auf das Gesamtergebnis der Berechnung des Kraftbedarfes haben.

Rollende und gleitende Reibung, wie sie bei Kratzern, Abb. 4, und bei schräggestellten Elevatoren, Abb. 18, auftreten, wurden durch besondere Versuche ermittelt und zwar in der in Abb. 70 und 71 skizzierten Weise, indem ein Schlitten auf der unbearbeiteten, aber durch den Gebrauch blank gewor-

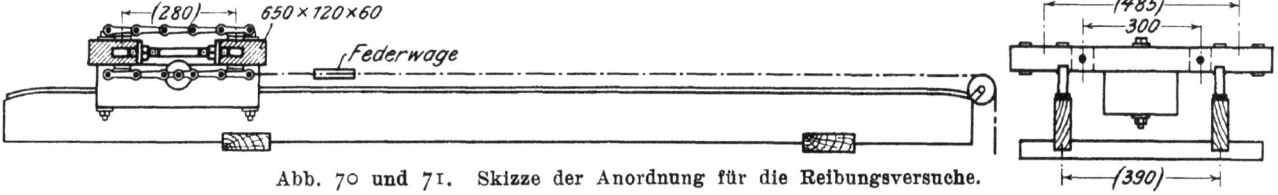

Abb. 70 und 71. Skizze der Anordnung für die Reibungsversuche.

denen Schiene entlang gezogen und der Verschiebewiderstand an einer vorher geeichten Federwage abgelesen wurde. Dabei wurde eine gleichmäßige Bewegung des Zugseilchens durch Aufwicklung auf eine motorisch angetriebene Welle erreicht, so daß die Federwage vollkommen ruhig stand und die Ablesungen hinreichend zuverlässig sind.

In Zahlentafel 7 sind einige Ergebnisse zusammengestellt. Im Durchschnitt ergab sich die Reibungszahl für

Zahlentafel 7.
Zusammenstellung der Reibungszahlen.

	gleitende Reibung			rollende und Zapfenreibung		
	Belastung kg	Reibungswiderstand kg	Reibungszahl	Belastung kg	Reibungswiderstand kg	Zahl der Gesamtreibung
blanke Gleitschienen	15,47	2,5	0,16	15,47	0,35	0,023
	30,64	4,6	0,15	30,64	0,70	0,024
	45,80	8,0	0,17	45,80	1,10	0,024
gefettete Gleitschienen	15,47	1,55	0,10	—	—	—
	30,64	3,60	0,12	—	—	—
	45,80	5,60	0,12	—	—	—

Gleitreibung von Eisen auf blanker Schiene zu 0,16,
» » » » eingefetteter Schiene zu 0,12,
für Rollreibung zu 0,024.

Beim Elevator ergaben sich noch weitere Nebenwiderstände infolge von zusätzlichen Massenbeschleunigungen, auf die schon auf S. 9 und 11 kurz hingewiesen wurde. Diese Widerstände treten jedoch nur auf, wenn der Becher außerhalb seiner Schwerebene aufgehängt ist, und haben ihren Grund darin, daß der Becher, dessen Geschwindigkeit auf dem geraden Lauf gleich dem der Kette ist, beim Uebergang auf das Rad plötzlich gezwungen ist, sich mit einer Geschwindigkeit zu bewegen, die dem Teilkreishalbmesser + Schwerpunktabstand des Bechers von der Kettenmittellinie entspricht (vrgl. Abb. 72 u. 73). Die gleiche Erscheinung tritt übrigens auch bei Kratzern auf, nur ist ihre Bedeutung hier, entsprechend dem niedrigen Gewicht der Kratzerschaufeln, weit geringer.

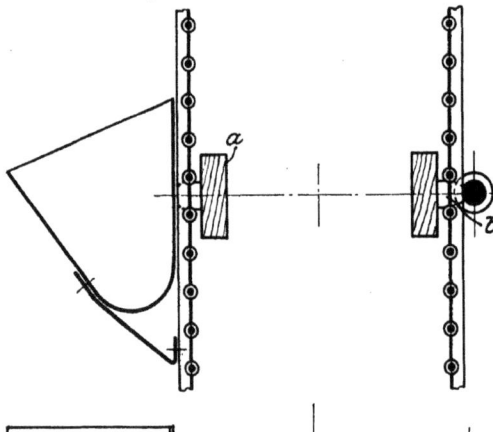
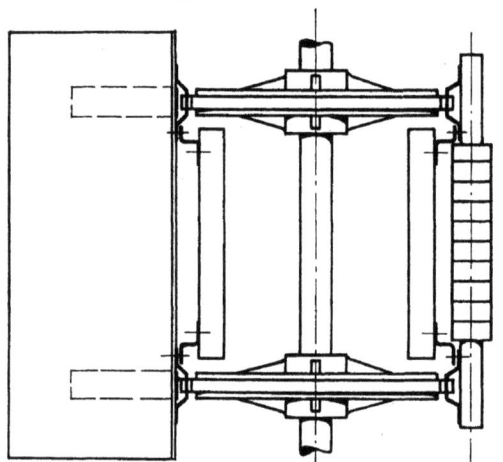

Abb. 72 und 73. Becherbefestigung an der Kette. (Rückenbefestigung mit Gegengewicht und Stützpunkten.)

Bezeichnet man den Teilkreishalbmesser mit r, den Schwerpunktabstand mit s und das Gewicht des Bechers mit G_e, so ist die Beschleunigungsarbeit

$$\frac{G_e}{g} \frac{v^2}{2} \left[\frac{(r+s)^2}{r^2} - 1 \right].$$

Da diese Arbeit augenblicklich aufzubringen ist, so kann man außer der Beschleunigungsarbeit annäherungsweise auf einen Stoßverlust in gleicher Höhe schließen. Beim Ablauf vom Rad wird die Beschleunigungsarbeit nicht wiedergewonnen, sondern durch Stoß vernichtet, und es muß sogar, wie die Diagramme zeigen, eine gewisse Arbeit aufgewendet werden. Die Vorgänge werden durch das Diagramm Abb. 74 veranschaulicht, das beim Umlauf eines leeren Bechers von 750 mm Breite bei 1,0 m/sk Kettengeschwindigkeit aufge-

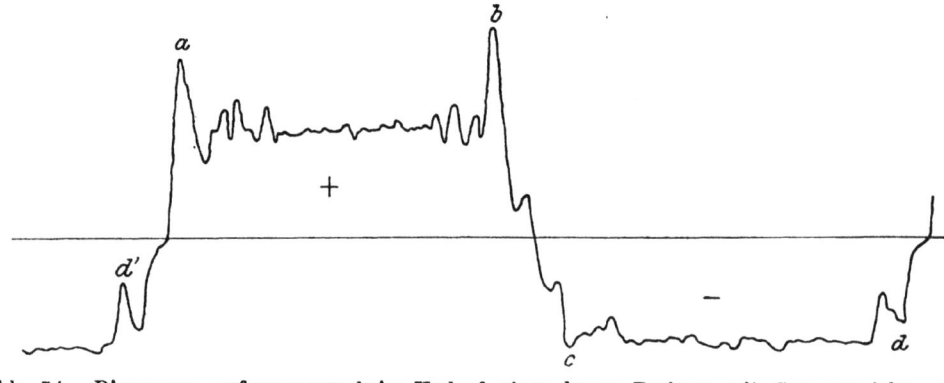

Abb. 74. Diagramm, aufgenommen beim Umlauf eines leeren Bechers mit Gegengewicht, ohne Gewichtausgleich am Gegenstrang. Gehobenes Gewicht 62,81 kg, $v = 1,00$ m/sk.

nommen ist. Die Spitze a entspricht hier dem Ablaufen des Bechers von der unteren Scheibe. Sie ist niedriger als die Spitze b, die beim Auflaufen auf das obere Rad erscheint. Daß hier eine Spitze auftritt, erklärt sich an und für sich auch schon daraus, daß das Drehmoment an der Scheibe durch den größeren Abstand vom Mittelpunkt erhöht wird.

Zur Bestimmung der wirklichen Größe des auf den geschilderten Umstand zurückzuführenden Verlustes wurden Versuche mit einer Anordnung nach Abb. 72 und 73 ausgeführt, bei welcher zur Vermeidung des Schiefhängens des Bechers ein zweiter Stützpunkt für den Becher an der Kette geschaffen und außerdem das Bechergewicht zum größten Teil durch ein Gegengewicht a ausgeglichen wurde. Durch ein zweites Gegengewicht b, das auf der Kette dem Becher gegenüber seinen Platz erhielt, wurde die Hubarbeit möglichst verringert, so daß im Diagramm, von den durch Leerlaufversuche bestimmten Kettenbiegewiderständen abgesehen, fast ausschließlich die Beschleunigungswiderstände erscheinen, die sich daher mit großer Genauigkeit bestimmen ließen. Das Ergebnis ist, daß die wirklichen Verluste bei einem vollständigen Umlauf ungefähr das 8 fache des Wertes betragen, der sich aus dem oben angegebenen Ausdruck

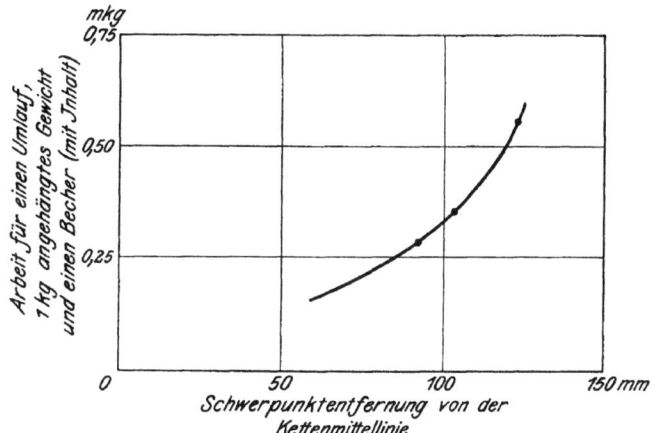

Abb. 75. Arbeitsverluste infolge Massenbewegung für 1 kg eines Bechers und einen vollständigen Umlauf bei $v = 1{,}00$ m/sk.

berechnet, Abb. 75. Für die Becherfüllung kommt natürlich nur die Hälfte in Frage, da sie dem Stoß nur zweimal statt viermal ausgesetzt ist. Bezeichnet man also den Inhalt des Bechers mit i, so ergibt sich für den Stoßverlust der Ausdruck:

$$A_s = (8\,G_e + 4\,i)\,\frac{v^2}{2\,g}\left[\left(\frac{r+s}{r}\right)^2 - 1\right].$$

Nimmt man beispielsweise einen Elevator mit Bechern von $G_e = 20$ kg Eigengewicht und $i = 40$ kg Inhalt an, der mit $v = 1$ m/sk läuft und eine Becherteilung von 1,2 m besitzt, so berechnet sich bei einem Teilkreishalbmesser $r = 300$ mm und einem Schwerpunktabstand $s = 190$ mm der Beschleunigungsverlust für jeden Becher:

$$A_s = (8 \cdot 20 + 4 \cdot 40)\,\frac{1{,}0^2}{2 \cdot 10}\left[\left(\frac{300+190}{300}\right)^2 - 1\right] = 27 \text{ mkg}.$$

Da die Becher sich in Zeitabständen von 1,2 sk folgen, so ist die aufzuwendende Arbeitsleistung:

$$\frac{27}{1{,}2 \cdot 75} = 0{,}3 \text{ PS}.$$

Im allgemeinen ist dieser Arbeitsverlust bereits in den Versuchswerten für Rückenbefestigung enthalten; es empfiehlt sich aber immerhin, bei besonderen Ausführungen wenigstens zu prüfen, ob er etwa noch ausdrücklich berücksichtigt werden muß.

7) Nebenergebnisse.

Bei den Versuchen wurde nebenher eine Reihe von Ergebnissen gefunden, die nicht unmittelbar in das aufgestellte Programm hineinfallen, die aber in verschiedener Beziehung wertvolle Aufschlüsse geben.

a) Größter Widerstand beim Schöpfen.

Bei den Schöpfversuchen an Becherwerken wurde nicht nur der gesamte Arbeitsverbrauch festgestellt, sondern aus den Kurven konnte auch die jeweils auftretende größte Kraft abgelesen werden. Die Kenntnis dieser Größe ist für Festigkeitsberechnungen von Wichtigkeit.

In Zahlentafel 8 sind Mittelwerte der spezifischen Höchstkräfte — bezogen auf 1 kg Becherinhalt — für verschiedene Stoffe, Becherbreiten und Becherschöpfwinkel angegeben.

Die Kurve, Abb. 76, lehrt, daß diese Höchstkraft von der Kettengeschwin-

Zahlentafel 8.
Mittelwerte der spezifischen Höchstkraft beim Schöpfen (bezogen auf 1 kg Becherinhalt) bei kreisförmigem Trog.
Geschwindigkeit 0,7 bis 1,0 m/sk. Spielräume 20 ‖ 13 ‖ 20 mm.

Becherbreite mm	Becherschöpfwinkel	Becherabstand mm	Getreide	Schmiedekohle bezw. Kohlenstaub	Kesselkohle	Stückkohle	Koks
500	36°	400	6,2	6,8	9,0	11,6	11,6
	56°		7,2	8,6	15,2	15,0	11,8
360	36°	500 bis 1000	—	7	8	—	10

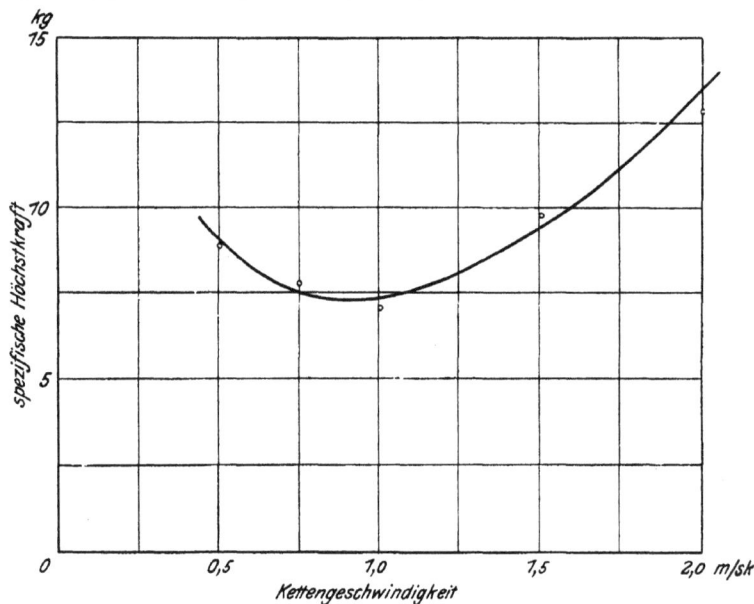

Abb. 76. Der beim Schöpfen auftretende spezifische Höchstwiderstand für Kesselkohle, abhängig von der Kettengeschwindigkeit. Schöpfwinkel 36°, Becherteilung 500 bis 1000 mm, kreisförmiger Trog.

digkeit beeinflußt wird. Für das dargestellte Beispiel liegt der Kleinstwert bei 0,8 m/sk Kettengeschwindigkeit.

Zwecks Ausschaltung der Trägheit des Meßgerätes, die bei der Bestimmung des Arbeitsbedarfes nur eine untergeordnete Rolle spielt, hier aber zu wesentlichen Irrtümern geführt hätte, wurde die Meßfeder soweit angespannt, daß nur die äußerste Spitze des Diagrammes ausgeschrieben wurde. Die auf diese Weise gefundenen Werte sind also als durchaus zuverlässig zu betrachten.

b) Bruchfestigkeit von Ketten.

Die Ergebnisse einiger Zerreißproben sind in Abb. 77 und 78 und Zahlentafel 9 wiedergegeben.

Bei einer Treibkette 32/25 wurde beispielsweise die Bruchlast im Zustande der Ruhe zu 618 kg ermittelt. Wurde dagegen die Kette mit einer Geschwin-

Zahlentafel 9.
Zerreißversuche mit Ketten von Stotz.

Bezeichnung der Kette	Prüflast	höchste zulässige Betriebslast	ermittelte Bruchlast bei ruhender Belastung
	nach Angabe der Firma		
Treibkette 32/25 . . .	300	60	618
Treibkette 65/65b . .	1400	280	3323
Stahlbolzenkette 32 . .	750	150	2138
Stahlbolzenkette 65 . .	3800	760	6504

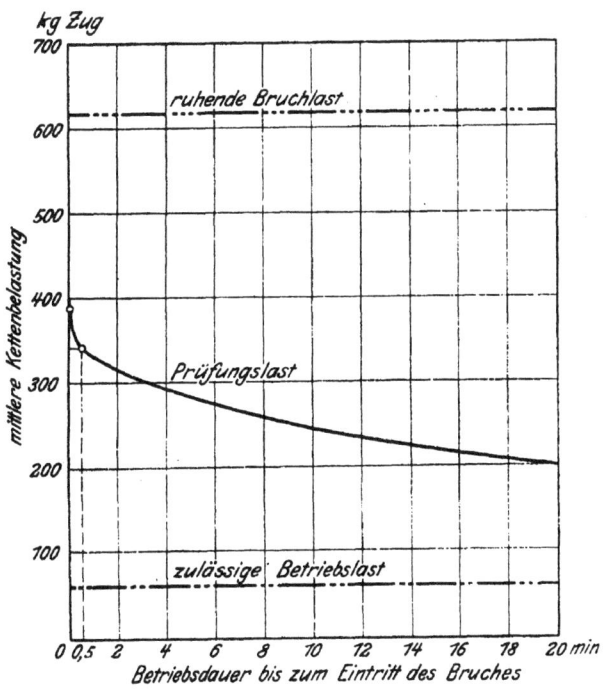

Abb. 77. Betriebsdauer einer Stotzschen Treibkette 32/25 bis zum Bruch bei verschiedenen Belastungen. Geschwindigkeit $v = 3,00$ m/sk, Durchmesser des Kettenrades 500 mm, Bruchlast im Zustange der Ruhe 620 kg.

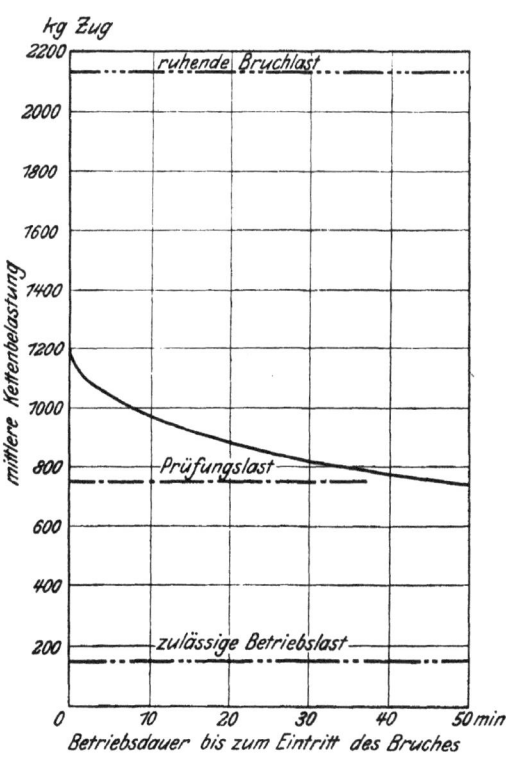

Abb. 78. Betriebsdauer einer Stotzschen Stahlbolzenkette Nr. 32 bis zum Bruch bei verschiedenen Belastungen. Geschwindigkeit $v = 3$ m/sk, Durchmesser des Kettenrades 509 mm, Bruchlast im Zustande der Ruhe 2140 kg.

digkeit von $v = 3$ m/sk in Bewegung gesetzt, so erfolgte der Bruch bei einer Belastung

von 340 kg schon nach $^1/_2$ Minute,
» 243 » nach 20 Minuten.

Die Versuche noch weiter fortzusetzen, war wegen des starken Verbrauches an Kettenmaterial nicht möglich. Der Gegenstand ist aber vielleicht wichtig genug, daß er besondere ausführliche Untersuchungen bei verschiedenen Geschwindigkeiten rechtfertigt. Die in die Zahlentafel eingesetzte Prüflast ist eine von dem Fabrikanten angegebene Größe; die zulässige Betriebslast soll nicht mehr als der fünfte Teil davon sein.

c) Förderleistung von Kratzern.

Zur Bestimmung der Förderleistung von Kratzern ist es erforderlich, zu wissen, in welcher Weise sich das Gut vor der bewegenden Schaufel lagert. Es kann dabei mit hinreichender Genauigkeit angenommen werden, daß die Schichtung nach der in Abb. 79 dargestellten Trapezform erfolgt. Die Versuche wurden bei einer Geschwindigkeit $v = 0,5$ m/sk angestellt.

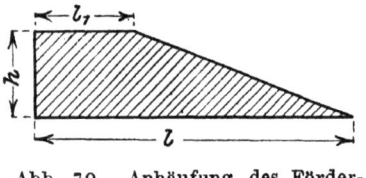

Abb. 79. Anhäufung des Fördergutes vor der Schaufel.

In Abb. 80 bis 83 sind für verschiedene Stoffe die bei den Versuchen ermittelten Werte von l und l_1 in Abhängigkeit von der Größe h aufgetragen, nach der sich die Schaufelhöhe bestimmt. Der Inhalt des Schütthügels, der sich hieraus als $i = \frac{l + l_1}{2} h b$ berechnet, ist gleichfalls durch eine Kurve dargestellt, und zwar in cbdm für 1 dm Schaufelbreite. Für einen Kratzer von gegebenen Abmessungen ist mit Hülfe dieser Kurve die Fördermenge leicht zu ermitteln, indem man für die Größe h, die etwas kleiner ist als die Schaufelhöhe, den Wert i abgreift und ihn mit der Schaufelbreite b multipliziert.

Abb. 80 bis 83. Diagramme zur Bestimmung der Förderleistung von Kratzern, bezogen auf 100 mm Trogbreite.

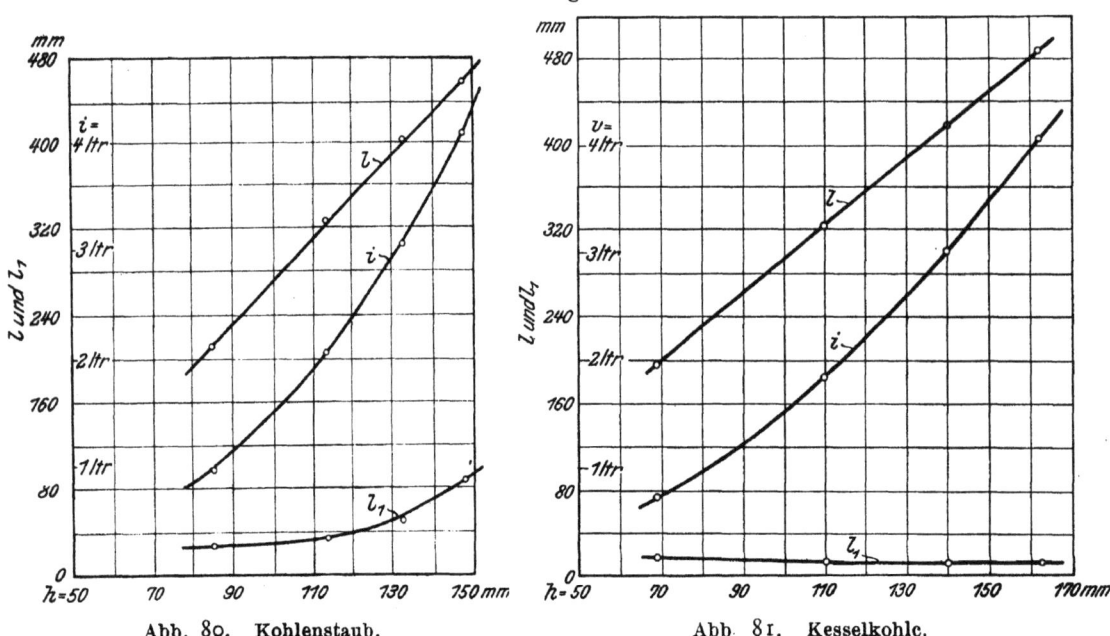

Abb. 80. Kohlenstaub.   Abb. 81. Kesselkohle.

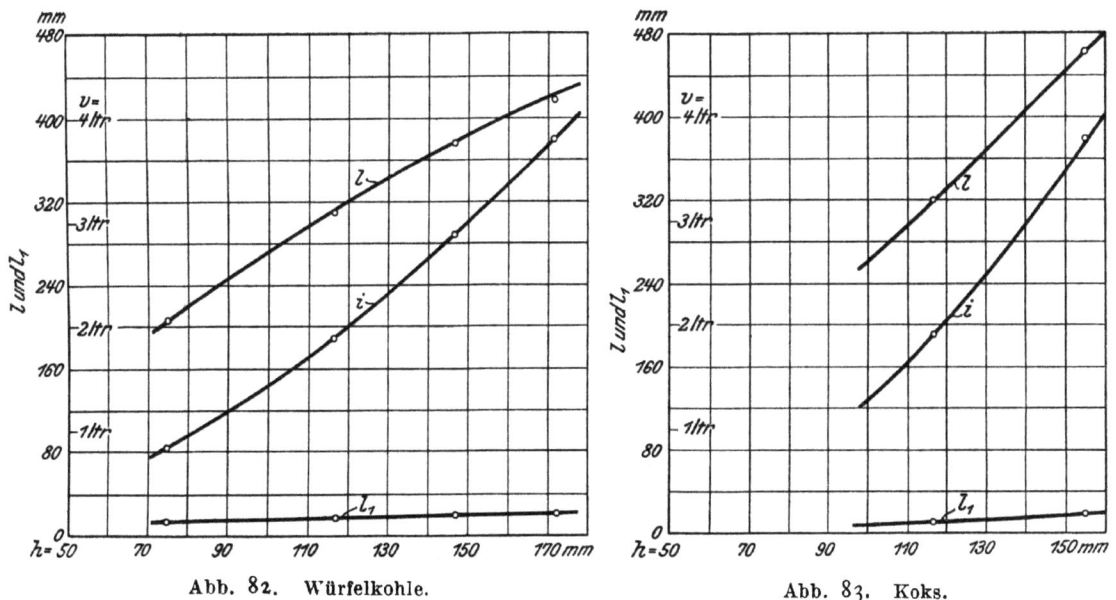

Abb. 82. Würfelkohle.   Abb. 83. Koks.

d) Förderleistung eines Rütteltisches.

Bei den Versuchen mit dem Becherwerk wurde zum Teil ein Rütteltisch nach Abb. 84 benutzt, um das Gut gleichmäßig in bestimmter Menge zuzuführen. Geändert werden konnten die Durchlaßhöhe h und die Hubzahl.

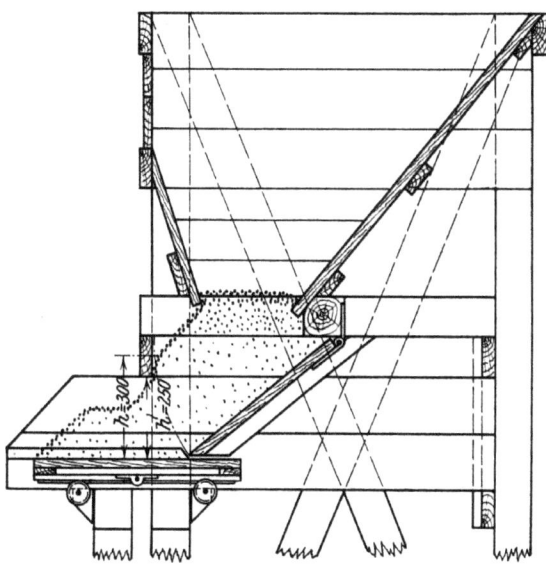

Abb. 84. Rütteltisch mit veränderlicher Durchlaßhöhe h, Breite $b = 310$ mm, Hubzahl $n = 128$ in der Minute.

Bezeichnet

l den Hub des Tisches in dm,
b die Breite des Tisches,
n die Hubzahl in der Minute,

so ergibt sich die minutliche Förderleistung zu

$$v = k b h l n.$$

Hier ist k eine Zahl, die von der Geschwindigkeit abhängig ist. Wie aus der nach den Versuchen aufgestellten Kurve in Abb. 85 hervorgeht, hat unter den gegebenen Verhältnissen k einen Höchstwert zwischen 0,7 und 0,9 m/sk größter Tischgeschwindigkeit, die gleich der Umfangsgeschwindigkeit des Kurbelzapfens der Antriebwelle ist. Zu erklären ist dies wohl so, daß durch die größere Geschwindigkeit bezw. größere Hubzahl zunächst das Gut mehr aufgelockert wird und daher einen geringeren Böschungswinkel bekommt und

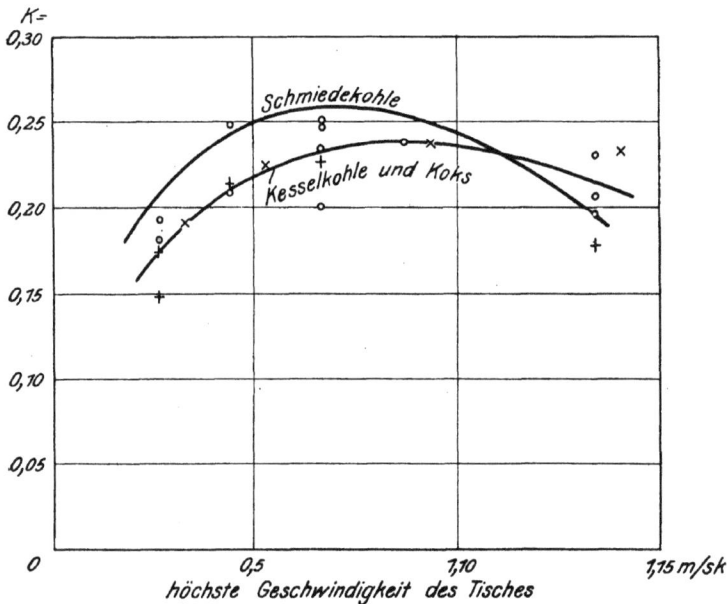

Abb. 85. Abhängigkeit des Koeffizienten k in der Formel: $v = kbhln$ von der größten Tischgeschwindigkeit.

reichlicher fällt, während später die Förderung dadurch geringer wird, daß der Tisch das Gut nicht mehr vollständig mitnimmt, sondern sich darunter hinwegbewegt. Dieser Zustand beginnt, wenn der Beschleunigungswiderstand an den Umkehrpunkten größer wird als die Reibung. Am höchsten müßte hiernach k werden, wenn die Gleichung erfüllt ist:

$$\frac{v^2}{r} = \mu g.$$

In Wahrheit muß nach den Versuchen der Wert $\frac{v^2}{r}$ etwa 9 bis 12 betragen, damit die Höchstleistung erreicht wird, also das 2- bis 3fache des Wertes μg.

e) Zerstörung des Fördergutes.

Die Zahlentafel 10 gibt die Zerstörung des Gutes bei der Förderung mit Kratzer, Schnecke und Elevator an, ausgedrückt in Prozenten der Fördermenge. Die Menge des zerkleinerten Gutes wurde in jedem Falle durch vorsichtiges Absieben mit einem Sieb von 2,5 cm Maschenweite nach einer oder einer Anzahl von Förderungen ermittelt. Die Größe der zerstörten Stücke betrug bis zu 1 cm Seitenlänge.

Die Zerstörung beim Kratzer ist auf 1 m Weg berechnet und für zweierlei Bodenspiel angegeben. Es zeigt sich aus der aufgestellten Zahlentafel, daß die spezifische Zerstörung bei der erstmaligen Zurücklegung von 300 m weit größer ist als beim zweiten Male. Dies erklärt sich daraus, daß die weicheren Teile des Gutes schon zu Anfang des Weges ausgeschieden werden, während das, was noch bleibt, aus härteren, widerstandsfähigeren Stücken besteht. Die Zer-

Zahlentafel 10.
Zerstörung des Fördergutes in Prozenten der Förderung.

Fördermittel	Gut			
	Kesselkohle ∞ 4 cm³			Koks ∞ 4 cm³
Kratzer 600 × 200 mm, $v = 0{,}5$ m/sk	Spiel in mm	bezogen auf 1 m Weg		—
		für die ersten 300 m Weg	für die zweiten 300 m Weg	
	5	0,011 vH	0,003 vH	
	7	0,015 vH	0,011 vH	
Schnecke 240 mm Dmr., 80 Uml./min, 1/6 bis 1/4 Füllung	für 1 m Weg		für 1 Zwischenlager	für 1 m Weg
	0,40 vH		0,56 vH	0,05 vH
Elevator $v = 1$ m/sk, 75 vH Füllung, 360 mm Becherbreite, Einlauf nach Abb. 13	Bodenspiel			in beiden Fällen im Mittel
	5 mm		70 mm	
	5,8 vH		7,9 vH	0,49 vH

störung nimmt mit dem Bodenspiel zu, was leicht erklärlich ist, da bei größerem Spiel auch größere Stücke, die vorher glatt von der Schaufel verschoben worden waren, jetzt in den Zwischenraum hineingezogen und dort zerquetscht werden.

Weiterhin zeigt die Zahlentafel die Zerstörung bei Schneckenförderung. Die Verluste sind hier ziemlich groß. Noch ungünstiger gestaltet sich das Bild jedoch, wenn man auch die Zerstörung an einem Zwischenlager in Betracht zieht. Sie beträgt mehr als die Zerstörung auf 1 m Weg. Nimmt man an, daß die Zwischenlager in Abständen von 2,5 m gesetzt sind, so würde bei Kesselkohle zu den 0,4 vH noch $\frac{0{,}56}{2{,}5} = 0{,}22$ vH hinzukommen, so daß die Zerstörung, auf 1 m bezogen, 0,64 vH betragen würde, also 58mal so viel wie bei Kratzerförderung mit 5 mm Spiel bei den ersten 300 m Weg.

Für Koks wurde eine viel geringere Zerstörung nachgewiesen. Koks ist härter und gröber, er kann also nicht so leicht in den Spielraum hineingequetscht und zerstört werden.

Zum Schluß gibt die Zahlentafel noch Werte für Elevatorförderung. Hier tritt eine Zerstörung des Gutes natürlich nur während des Schöpfvorganges und beim Ausschütten des Becherinhaltes ein, und ein Vergleich mit Kratzer- und Schneckenförderung ist daher naturgemäß nicht möglich, da das Gut während der eigentlichen Förderung in Ruhe ist. Wie beim Kratzer ist eine Zunahme bei wachsendem Bodenspiel zu bemerken.

Es sind dann noch einige Versuche gemacht worden, um für die Zerstörung beim einfachen Umschütten des Gutes Anhaltspunkte zu gewinnen.

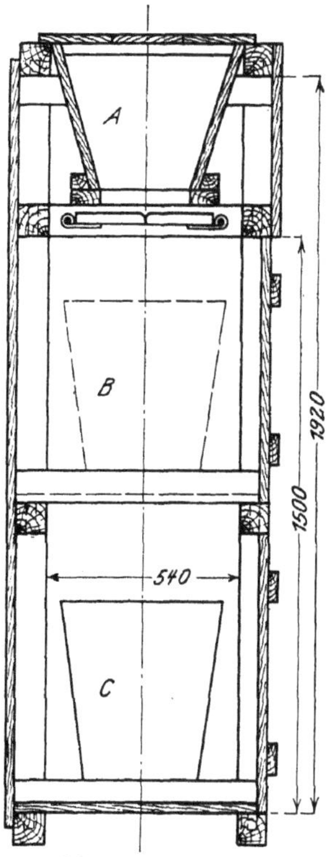

Abb. 86 zeigt die Versuchsanordnung. Das Fördergut wurde in den hochgelegenen Behälter *A* gebracht

Abb. 86. Anordnung für Versuche über Schädigung beim einfachen Umwerfen des Gutes.

Zahlentafel 11.
Zerstörung des Gutes beim einfachen Umschütten
(Versuche mit Kesselkohle).

Gewicht des Gutes in kg (4 cm³)	Zerstörungserzeugnisse in kg (< 1 cm³)		Zerstörungs- erzeugnisse vH
	insgesamt	bezogen auf einen Sturz	
Fallhöhe 950 mm, fünfmaliges Umschütten			
37,395	2,96	0,593	1,59
Fallhöhe 1750 mm, dreimaliges Umschütten			
38,910	3,83	1,276	3,28

und in den Behälter *B* bezw. *C* gestürzt. Die Ergebnisse sind in Zahlentafel 11 zusammengestellt.

Entsprechende Versuche mit Koks ergaben für 1 m Fallhöhe im Mittel nur 0,18 vH, also nur etwa den zehnten Teil der Versuche mit Kesselkohle.

Für die Praxis sind die Zahlen nur mit großer Vorsicht anzuwenden, da die Art des Gutes und die Anzahl von Umladungen und sonstige Behandlung, denen es schon vorher unterworfen gewesen ist, die Ergebnisse vollständig verändern können. Immerhin zeigen die Versuche, wie wichtig es ist, die Frage der Entwertung des Gutes bei der Auswahl der Fördermittel sorgfältig zu prüfen, und geben gleichzeitig Fingerzeige, in welcher Weise in praktischen Fällen Versuche mit dem Gut, wie es an dem Förderer anlangt, angestellt werden können. Die Frage ist von allergrößter wirtschaftlicher Bedeutung und sollte durch eingehende Untersuchungen noch gründlicher geklärt werden.

8) Praktische Bedeutung der Versuchsergebnisse.

Die Fragen, die bei der Berechnung des Kraftverbrauches der gleichmäßig laufenden Förderer aufzutreten pflegen, dürften durch die Versuche soweit geklärt sein, daß es im allgemeinen ohne allzugroße Schwierigkeiten möglich sein wird, auch für Verhältnisse, die hier nicht untersucht worden sind, für abweichende Anordnung der Förderer, für verschiedene Stoffe usw. die nötigen Unterlagen zu beschaffen. Es wird in solchen Fällen für praktische Zwecke in der Regel genügen, einzelne Werte festzustellen und aus den in der vorliegenden Arbeit gegebenen Kurven auf das weitere Verhalten zu schließen. Wenn für derartige Feststellungen, die der Praxis überlassen bleiben müssen, hier die Grundlagen geschaffen sind, so ist der Zweck der Arbeit vollkommen erreicht. Bei der unendlichen Vielgestaltigkeit des modernen Transportwesens ist es ganz unmöglich, innerhalb einer Arbeit, wie es die vorliegende ist, auch für weniger häufig vorkommende Verhältnisse alle Zahlen festzustellen.

Es sei übrigens ausdrücklich vor der Annahme gewarnt, daß die gefundenen Ergebnisse unter den Verhältnissen, wie solche den Untersuchungen zugrunde gelegen haben, in allen Fällen die Angaben zu genauen Kraftverbrauchsberechnungen geben müßten. Zunächst können, wie schon aus den Versuchen hervorgeht, **geringe Abweichungen in der Anordnung, sowie scheinbar unbedeutende Konstruktions- und Herstellungsfehler** ganz erhebliche Unterschiede verursachen, und außerdem spielt die Wartung des Förderers eine wichtige Rolle. Dies gilt namentlich für Förderer von geringen Abmessungen, die nicht sehr sorgfältig konstruiert und gewartet zu werden pflegen. Die angegebenen Zahlen sind also hauptsächlich für die Berechnungen von Förderern größerer Abmessungen und größerer Leistungen anzuwenden, nicht aber, um den Kraftverbrauch eines kleinen Elevators oder Kratzers bis auf $1/10$ PS genau zu bestimmen.

Welche Wichtigkeit die Berechnung des Kraftverbrauches für die Anlage von Fördereinrichtungen haben kann, mag ein Beispiel beweisen. Es sei angenommen, daß ein Transportband angelegt werden soll von 300 t Stundenleistung und 100 m Länge. Dabei muß an 6 verschiedenen Punkten ein selbsttätiger Abwurf des Gutes möglich sein. Man kann nun entweder einen verschiebbaren Abwurfwagen verwenden oder an jedem Abwurfpunkt besondere Wendescheiben vorsehen, derart, daß das Gut an den Stellen, an denen kein Abwurf erfolgen soll, durch umstellbare Klappen immer wieder auf das Band geleitet wird. Die Stärke des in diesem Falle benutzten Gummigurtes betrage 10 mm, der Durchmesser der Ablenkrollen 400 mm. Nach Abb. 27 wird dann bei einer durchschnittlichen Belastung von 8 kg/qcm und bei einer Geschwindigkeit von 2,0 m/sk der Biegewiderstand etwa 2,3 kg für 0,1 m Breite und für jede Scheibe betragen, bei 0,8 m Breite also 18,4 kg für die Scheibe. Da bei Anwendung fester Abwurfstellen 10 Scheiben mehr erforderlich sind als beim Abwurfwagen, so beträgt der Mehrverbrauch an Arbeit allein für die Biegung des Gurtes:

$$\frac{10 \cdot 18,4 \cdot 2,0}{75} = \text{rd. } 5 \text{ PS.}$$

Bei 3000 Arbeitstunden im Jahr und einem Preis von 0,10 ℳ für die Pferdekraftstunde ergäbe sich damit für die Biegearbeit eine jährliche Mehrausgabe an Betriebskosten von 1500 ℳ. Hierzu kommen dann noch die Arbeiten für die Zapfenreibung, für das unnütze Heben des Fördergutes an den Abwurfstellen, außerdem größere Unterhaltungskosten infolge der vermehrten Biegung und infolge der Verluste durch Entwertung des Fördergutes, die durch das wiederholte Umwerfen herbeigeführt werden.

Aehnliche Berechnungen können bei der Wahl des Gurtmaterials und der Gurtstärke, für die Konstruktion der Becher und des Einlaufs von Elevatoren und in vielen anderen Fällen maßgebend sein. Dabei ist stets zu bedenken, daß das Herabdrücken des Kraftverbrauches auch die Unterhaltungskosten sowie sehr häufig die Erhaltung des Fördergutes in günstigem Sinne beeinflußt.

Sonderabdrücke
aus der Zeitschrift des Vereines deutscher Ingenieure,
die in folgende Fachgebiete eingeordnet sind:

1. Bagger.
2. Bergbau (einschl. Förderung und Wasserhaltung).
3. Brücken- und Eisenbau (einschl. Behälter).
4. Dampfkessel (einschl. Feuerungen, Schornsteine, Vorwärmer, Überhitzer).
5. Dampfmaschinen (einschl. Abwärmekraftmaschinen, Lokomobilen).
6. Dampfturbinen.
7. Eisenbahnbetriebsmittel.
8. Eisenbahnen (einschl. Elektrische Bahnen).
9. Eisenhüttenwesen (einschl. Gießerei).
10. Elektrische Krafterzeugung und -verteilung.
11. Elektrotechnik (Theorie, Motoren usw.).
12. Fabrikanlagen und Werkstatteinrichtungen.
13. Faserstoffindustrie.
14. Gebläse (einschl. Kompressoren, Ventilatoren).
15. Gesundheitsingenieurwesen (Heizung, Lüftung, Beleuchtung, Wasserversorgung und Abwässerung).
16. Hebezeuge (einschl. Aufzüge).
17. Kondensations- und Kühlanlagen.
18. Kraftwagen und Kraftboote.
19. Lager- und Ladevorrichtungen (einschl. Bagger).
20. Luftschiffahrt.
21. Maschinenteile.
22. Materialkunde.
23. Mechanik.
24. Metall- und Holzbearbeitung (Werkzeugmaschinen).
25. Pumpen (einschl. Feuerspritzen und Strahlapparate).
26. Schiffs- und Seewesen.
27. Verbrennungskraftmaschinen (einschl. Generatoren).
28. Wasserkraftmaschinen.
29. Wasserbau (einschl. Eisbrecher).
30. Meßgeräte.

Einzelbestellungen auf diese Sonderabdrücke werden gegen Voreinsendung des in der Zeitschrift als Fußnote zur Überschrift des betr. Aufsatzes bekannt gegebenen Betrages ausgeführt.

Vorausbestellungen auf sämtliche Sonderabdrücke der vom Besteller ausgewählten Fachgebiete können in der Weise geschehen, daß ein Betrag von etwa 5 bis 10 M eingesandt wird, bis zu dessen Erschöpfung die in Frage kommenden Aufsätze regelmäßig geliefert werden.

Zeitschriftenschau.

Vierteljahrsausgabe der in der Zeitschrift des Vereines deutscher Ingenieure erschienenen Veröffentlichungen 1898 bis 1910.
Preis bei portofreier Lieferung für den Jahrgang
3,— ℳ für Mitglieder.   10,— ℳ für Nichtmitglieder.

Seit Anfang 1911 werden von der Zeitschriftenschau der einzelnen Hefte einseitig bedruckte gummierte Abzüge angefertigt.
Der Jahrgang kostet
2,— ℳ für Mitglieder.   4,— ℳ für Nichtmitglieder.

Portozuschlag für Lieferung nach dem Ausland 50 Pfg für den Jahrgang. Bestellungen, die nur gegen vorherige Einsendung des Betrages ausgeführt werden, sind an die **Redaktion der Zeitschrift des Vereines deutscher Ingenieure, Berlin NW., Charlottenstraße 43** zu richten.

Mitgliederverzeichnis d. Vereines deutscher Ingenieure.
Preis 3,50 ℳ. Das Verzeichnis enthält die Adressen sämtlicher Mitglieder sowie ausführliche Angaben über die Arbeiten des Vereines.

Bezugsquellen.
Zusammengestellt aus dem Anzeigenteil der Zeitschrift des Vereines deutscher Ingenieure. Das Verzeichnis erscheint zweimal jährlich in einer Auflage von 35 bis 40000 Stück. Es enthält in deutsch, englisch, französisch, italienisch, spanisch und russisch ein alphabetisches und ein nach Fachgruppen geordnetes Adressenverzeichnis.

Das Bezugsquellenverzeichnis wird auf Wunsch kostenlos abgegeben.

MIX
Papier aus verantwortungsvollen Quellen
Paper from responsible sources
FSC® C105338

If you have any concerns about our products,
you can contact us on
ProductSafety@springernature.com

In case Publisher is established outside the EU,
the EU authorized representative is:
**Springer Nature Customer Service Center GmbH
Europaplatz 3, 69115 Heidelberg, Germany**

Printed by Libri Plureos GmbH
in Hamburg, Germany